工程造价人员必备工具书系列

广联达土建算量应用宝典——专题篇

李　玺　主　编
武翠艳　石　莹　副主编

中国建筑工业出版社

图书在版编目（CIP）数据

广联达土建算量应用宝典.专题篇/李玺主编;武翠艳,石莹副主编.--北京:中国建筑工业出版社,2025.7.--（工程造价人员必备工具书系列）.--ISBN 978-7-112-31405-8

Ⅰ.TU723.3-39

中国国家版本馆CIP数据核字第2025ML9512号

责任编辑：徐仲莉　王砾瑶
责任校对：刘梦然

工程造价人员必备工具书系列
广联达土建算量应用宝典——专题篇
李　玺　主　编

武翠艳　石　莹　副主编

*

中国建筑工业出版社出版、发行（北京海淀三里河路9号）

各地新华书店、建筑书店经销

北京光大印艺文化发展有限公司制版

廊坊市海涛印刷有限公司印刷

*

开本：787毫米×1092毫米　1/16　印张：14½　字数：338千字

2025年7月第一版　　2025年7月第一次印刷

定价：68.00元

ISBN 978-7-112-31405-8

（45397）

《广联达土建算量应用宝典——专题篇》编写委员会

丛书主编：

梁丽萍

主　　编：

李　玺

副 主 编：

武翠艳　石　莹

编　　委：

胡荣洁　徐方姿　张　丹　梁鸢宸　赵敏惠

目 录

第1篇 通用设置篇

第1章 通用设置专题 ··· 2

1.1 精准计算工程量思路 ··· 2

1.2 通用设置 ··· 2

   1.2.1 基本设置—工程信息 ······································ 3

   1.2.2 基本设置—钢筋汇总方式 ······························ 4

   1.2.3 钢筋设置—弯曲调整值设置 ··························· 4

   1.2.4 钢筋设置—计算设置—计算规则和节点设置 ···· 5

   1.2.5 钢筋设置—计算设置—搭接设置 ···················· 6

   1.2.6 钢筋设置—弯钩设置 ····································· 8

   1.2.7 土建设置—计算设置 ··································· 10

   1.2.8 土建设置—计算规则 ··································· 11

   1.2.9 软件设置修改位置 ······································ 12

1.3 公有属性及私有属性 ··· 13

第2篇 常用构件篇

第2章 柱专题 ·· 16

2.1 柱属性解析 ··· 16

2.1.1 柱属性 ·· 16

2.1.2 构造柱属性 ·· 21

2.2 柱建模技巧 ··· 22

2.2.1 柱绘制技巧 ·· 22

2.2.2 柱识别技巧 ·· 24

2.3 柱特殊构造处理 ··· 26

2.3.1 斜柱处理 ··· 26

2.3.2 KZ 边柱、角柱柱顶等截面伸出 ···································· 26

2.4 柱设置注意事项 ··· 28

2.4.1 柱在基础内的箍筋数量设置 ··· 28

2.4.2 柱纵筋在基础内的弯折长度设置 ··································· 29

2.4.3 嵌固部位设置 ·· 31

2.5 柱提量注意事项 ··· 33

第 3 章 剪力墙专题 ·· 35

3.1 剪力墙属性解析 ··· 35

3.1.1 剪力墙基础属性 ·· 35

3.1.2 剪力墙钢筋业务属性 ··· 36

3.2 剪力墙建模技巧 ··· 38

3.2.1 剪力墙绘制技巧 ·· 38

3.2.2 剪力墙识别技巧 ·· 39

3.3 剪力墙结构其他构件 ·· 40

3.3.1 约束边缘非阴影区 ·· 40

3.3.2 连梁 ··· 44

3.4 剪力墙设置注意事项 ·· 46

3.4.1 剪力墙基础插筋设置 ··· 46

3.4.2 剪力墙中间层变截面设置 ··· 48

3.4.3 剪力墙顶层锚固设置 ··· 48

3.4.4 拉筋设置 ·· 49

3.5 剪力墙提量注意事项 ·· 49

3.5.1 暗柱与剪力墙工程量计算归属 ····························· 49

3.5.2 钢丝网提量 ··· 50

第4章 梁专题 ·· 54

4.1 梁属性解析 ·· 54

4.1.1 梁集中标注属性 ··· 54

4.1.2 梁原位标注属性 ··· 57

4.2 梁建模技巧 ·· 58

4.2.1 梁绘制技巧 ·· 58

4.2.2 梁识别技巧 ·· 63

4.3 梁特殊构造处理 ·· 67

4.3.1 高强节点 ··· 67

4.3.2 梁加腋处理 ··· 70

4.3.3 悬挑梁设置 ··· 72

4.4 梁提量注意事项 ·· 74

4.4.1 梁垫铁提量 ··· 74

4.4.2 梁跨分类提量 ·· 75

第5章 板专题 ·· 77

5.1 板属性解析 ·· 77

5.1.1 板属性 ··· 77

5.1.2 板受力筋属性 ··· 84

5.1.3 板负筋属性 ··· 88

5.2 板及板筋常用建模方式及要点 ····························· 91

5.3 板特殊构造处理 ·· 93

5.3.1 板局部升降构造 ··· 93

5.3.2 板阳角放射筋 ·· 96

5.3.3　板加腋 …………………………………………………………… 98

5.3.4　板钢筋外伸构造 ………………………………………………… 100

5.4　板设置注意事项 ……………………………………………………… 102

第 6 章　基础专题 ……………………………………………………… 103

6.1　筏形基础 ……………………………………………………………… 103

6.1.1　筏板封边构造 …………………………………………………… 103

6.1.2　筏形基础附加钢筋构造 ………………………………………… 105

6.1.3　筏形基础边坡 / 变截面构造 …………………………………… 107

6.1.4　筏形基础阳角放射筋 …………………………………………… 109

6.2　基础中的梁 …………………………………………………………… 109

6.2.1　基础梁类别 ……………………………………………………… 110

6.2.2　基础梁侧加腋 …………………………………………………… 113

6.3　独立基础 ……………………………………………………………… 114

6.3.1　双网独立基础 …………………………………………………… 114

6.3.2　独立基础底板配筋长度减短 10% 构造 ……………………… 115

6.4　条形基础 ……………………………………………………………… 117

6.5　基础特殊构造 ………………………………………………………… 118

6.5.1　筏板钢筋的扣减 ………………………………………………… 118

6.5.2　防水面积的计算 ………………………………………………… 120

6.5.3　集水坑 …………………………………………………………… 122

第 7 章　土方专题 ……………………………………………………… 125

7.1　土方开挖 ……………………………………………………………… 125

7.1.1　土方属性解析 …………………………………………………… 125

7.1.2　土方的布置与调整 ……………………………………………… 126

7.2　土方回填 ……………………………………………………………… 129

7.2.1　土方回填概述 …………………………………………………… 129

7.2.2　土方回填的软件处理 …………………………………………… 131

第 8 章 节点专题 ································· 136

8.1 节点整体概述 ································· 136

8.2 节点建模技巧 ································· 137

8.2.1 土建计量 GTJ 中哪些构件可以处理节点? ········· 137
8.2.2 挑檐的处理流程 ························· 137
8.2.3 自定义节点的处理流程 ··················· 144

8.3 如何选择节点处理方式? ························· 147

第 3 篇　特殊模块篇

第 9 章 钢混专题 ································· 152

9.1 整体概述 ································· 152

9.2 软件处理 ································· 153

9.2.1 型钢混凝土柱软件处理 ··················· 153
9.2.2 钢柱钢梁软件处理 ······················ 158
9.2.3 节点 / 细部软件处理 ··················· 160
9.2.4 栓钉软件处理 ························· 163
9.2.5 组合压型钢板 ························· 165
9.2.6 桁架楼承板 ·························· 168
9.2.7 零星构件 ··························· 171
9.2.8 钢混提量出量 ························· 172

第 10 章 基坑支护专题 ························· 174

10.1 整体概述 ································· 174

10.1.1 基坑支护业务整体介绍 ··················· 174
10.1.2 基坑支护模块整体介绍 ··················· 176

10.2 软件处理 ································· 177

10.2.1 放坡开挖软件处理 ····················· 177

10.2.2　土钉墙软件处理 ……………………………………………… 184

10.2.3　排桩支护软件处理 …………………………………………… 188

10.2.4　桩板式挡墙软件处理 ………………………………………… 206

10.2.5　地下连续墙软件处理 ………………………………………… 209

第1篇

通用设置篇

　　本篇章为通用设置篇，主要讲解精准计算工程量的思路及广联达 BIM 土建计量平台 GTJ（以下简称"土建计量 GTJ"或"软件"）中的通用设置，了解软件计算原理。

第1章 通用设置专题

1.1 精准计算工程量思路

土建计量 GTJ 通过建模的方式计算钢筋工程量及土建工程量，实际算量时需按"新建构件→修改构件属性→绘制构件"的三部曲进行建模，其中构件属性调整及绘制构件均需参照图纸。除此之外，工程量的计算需依据对应的计算规则，例如钢筋工程量的计算需依据《混凝土结构施工图平面整体表达方法制图规则和构造详图》22G101 等，而土建工程量计算需依据国家清单工程量计算规则及当地定额工程量计算规则等。软件则内置这些规则，通过钢筋设置及土建设置体现构件计算原则及构件之间的扣减关系。因此，要实现工程量精准计算，需做到以下几点：

1. 构件属性输入准确

构件属性中一般包含构件尺寸信息及钢筋信息，需按照图纸信息进行录入，保障工程量计算的准确性。

2. 模型绘制/识别准确

主体模型的建立可以通过绘制或识别两种方式，建立模型依然需要按照图纸中构件所在位置准确布置，遵循软件计算原则。

3. 软件设置按实调整

软件的默认设置一般依据图集、当地规则或常用施工做法，软件是工具，需要依据工程实际情况进行调整，才能准确出量。

4. 提量出量灵活精准

软件会根据内置的算法及设置、绘制完成的模型计算出多种工程量，提量时需了解软件中的计算结果代表哪部分工程量，可以做到提量、出量灵活精准。

由于以上四点主要影响工程量的计算，因此本书编写的思路也是围绕着四点进行：构件属性解析、构件建模技巧及构件的特殊构造、构件设置注意事项和提量注意事项。

1.2 通用设置

软件中工程设置包含基本设置、钢筋设置及土建设置，如图 1.2.1 所示。

其中，基本设置包含工程信息及楼层设置，本篇章主要讲解影响钢筋工程量的部分，即工程信息中的抗震等级及钢筋汇总方式。

图 1.2.1　工程设置

钢筋设置是软件根据标准图集、施工规范等内置的钢筋计算原则，决定构件本身及构件相交处的钢筋计算方式，因此钢筋设置直接影响钢筋计算结果。如果工程图纸与图集或规范要求相符，则无须修改。但是随着工程结构越来越复杂，经常出现非标准设计。实际工程中需要根据图纸结构设计说明和节点详图等调整钢筋设置。

土建设置包含计算设置及计算规则。其中计算设置为构件本身的计算原则，计算规则为构件与构件之间的扣减关系，软件内置清单规则及全国各地的定额规则，一般无须修改，但如果实际工程有特殊要求时，可以结合实际情况进行调整。

1.2.1　基本设置—工程信息

新建工程后，通常需要根据实际工程修改工程信息，包括工程概况、建筑结构等级参数、抗震参数和施工信息。其中软件中显示为蓝色字体部分会直接影响工程量的计算，如檐高、结构类型、抗震等级、设防烈度等，需要根据图纸结构设计说明填写（图 1.2.2）。若图纸中抗震等级已经确定，在"抗震等级"中修改抗震等级即可；若图纸中抗震等级没有说明，软件中可通过修改"设防烈度""檐高"和"结构类型"，根据软件内置规则，自动确定"抗震等级"。抗震等级会影响锚固/搭接长度和梁箍筋根数等计算。

	工程信息	
	工程信息　计算规则　编制信息　自定义	
	属性名称	属性值
1	□ 工程概况:	
2	工程名称:	案例工程
3	项目所在地:	
4	详细地址:	
5	建筑类型:	居住建筑
6	建筑用途:	住宅
7	地上层数(层):	
8	地下层数(层):	
9	裙房层数:	
10	建筑面积(m²):	(0)
11	地上面积(m²):	(0)
12	地下面积(m²):	(0)
13	人防工程:	无人防
14	檐高(m):	35
15	结构类型:	框架结构
16	基础形式:	筏形基础
17	□ 建筑结构等级参数:	
18	抗震设防类别:	
19	抗震等级:	一级抗震
20	□ 地震参数:	
21	设防烈度:	8
22	基本地震加速度 (g):	
23	设计地震分组:	

图 1.2.2　工程信息

1.2.2　基本设置—钢筋汇总方式

钢筋汇总方式有两种，分别为按中心线汇总和按外皮长度汇总。因此，软件新建工程时或在工程信息的计算规则中"钢筋汇总方式"对应两个选项，分别是外皮汇总和中心线汇总（图 1.2.3），按外皮汇总即按钢筋外皮计算长度，不考虑弯曲调整值；按中心线汇总即按钢筋中心线计算长度，需要考虑弯曲调整值，中心线长度 = 外皮长度 − 弯曲调整值（弯曲调整值在本书 1.2.3 节中具体讲解）。实际工程中需要参考各个地区的定额规则及规范文件要求，或根据双方最终签订的合同文件确定。

图 1.2.3　钢筋汇总方式

1.2.3　钢筋设置—弯曲调整值设置

由于钢筋弯曲后轴线长度不变，因此钢筋的下料长度应按轴线计算。钢筋转角处实际上是一个圆弧，其外皮线长大于中心弧长。转角处外皮线的长度与圆弧段钢筋中心弧长的差值，是由于尺寸标注方法引起的误差，称为量度差值（软件中为弯曲调整值）。

钢筋工程量计算有两种汇总方式，分别为按中心线汇总和按外皮长度汇总。弯曲量度差值可以理解为外皮量度尺寸与中心线量度尺寸的长度差，即弯曲量度差值 = 外皮长度 − 中心线长度。

以 90° 弯折的圆钢为例（图 1.2.4），详细计算外皮长度和中轴线长度的差值。

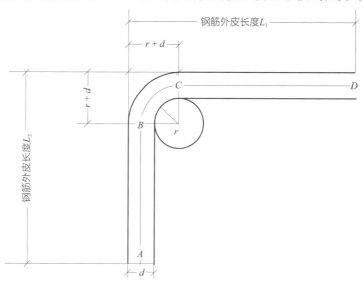

图 1.2.4　弯曲量度差值计算

根据中心线不变的原理：图示钢筋的长度 = AB + 弧长 BC + CD。

假设钢筋的 r=1.25d，（D= 2.5d 其中 D 为图 1.2.4 中纵筋直径，d 为纵筋外箍筋直径）：

$AB=L_2-(r+d)=L_2-2.25d$，$CD=L_1-(r+d)=L_1-2.25d$。

弧长 $BC=2\times\pi\times(r+d/2)\times90°/360°=2.75d$。

图示钢筋的长度 $=L_2-2.25d+2.75d+L_1-2.25d=L_1+L_2-1.75d$。

因此 90° 弯折的圆钢的弯曲量度差值为 $1.75d$，工程中其他角度的弯曲及其他级别的钢筋弯曲量度差值不同，需要分别计算推导。

软件"钢筋设置"中"弯曲调整值设置"也有对应的弯曲调整值（图 1.2.5），例如 90° 弯折的一级钢的弯曲调整值为 $1.75d$，与上述推导结果一致。弯曲调整值默认数据参考《钢筋工手册 第三版》第 239~253 页推导。D 取值依据《混凝土结构施工图平面整体表示方法制图规则和构造详图（现浇混凝土框架、剪力墙、梁、板）》22G101-1（以下简称22G101-1 图集）第 2-2 页《钢筋弯折的弯弧内直径 D》，表格内数据为理论计算值，可根据实际情况调整。

弯曲形式		HPB235(A) HPB300(A) D=2.5d	HRB335(B) HRB335E(BE) HRBF335(BF) HRBF335E(BFE) D=4d	HRB400(C) HRB400E(CE) HRBF400(CF) HRBF400E(CFE) RRB400(D) D=4d	HRB500(E) HRB500E(EE) HRBF500(EF) HRBF500E(EFE) d<=25 D=6d	d>25 D=7d
1	90度弯折	1.75	2.08	2.08	2.5	2.72
2	135度弯折	0.38	0.11	0.11	-0.25	-0.42
3	30度弯折	0.29	0.3	0.3	0.31	0.32
4	45度弯折	0.49	0.52	0.52	0.56	0.59
5	60度弯折	0.77	0.85	0.85	0.96	1.01
6	30度弯起	0.31	0.33	0.33	0.35	0.37
7	45度弯起	0.56	0.63	0.63	0.72	0.76
8	60度弯起	0.96	1.12	1.12	1.33	1.44

提示信息：弯曲调整值默认数据参考《钢筋工手册 第三版》第239~253页推导依据。D取值依据来源最新22G101-1第2-2页《钢筋弯折的弯弧内直径D》;表格内数据为理论计算值，可根据实际情况调整。

全部导入　　全部导出　　恢复默认值

图 1.2.5　弯曲调整值设置

1.2.4　钢筋设置—计算设置—计算规则和节点设置

钢筋计算设置中的"计算规则"和"节点设置"，是软件根据标准图集、施工规范等内置的算量原则，确定构件本身及构件与构件相交的计算方式。钢筋计算设置中的"计算规则"是指本构件的计算规则，在下方有设置值的来源；而"节点设置"一般来源于平法图集《混凝土结构施工图平面整体表达方法制图规则和构造详图》22G101 中第二部分构造详图，一般也是本构件与其他构件之间的节点构造。实际算量时不是所有的设置都需要修改，需要依据图纸调整，如图 1.2.6 所示。

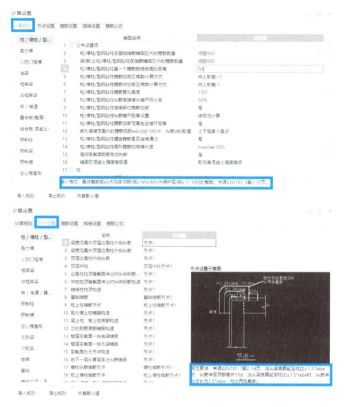

图 1.2.6　计算规则与节点设置

1.2.5　钢筋设置—计算设置—搭接设置

1. 搭接形式对工程量的影响

软件"计算设置"中"搭接设置"有多种连接形式，选择不同的连接形式对钢筋量有什么影响？

从影响钢筋量的角度，连接形式主要分为三大类：绑扎连接、单双面焊接、机械连接等其他连接形式。绑扎连接计算搭接长度；机械连接等其他连接形式统计搭接个数；焊接中的单双面焊接比较特殊，实际工程通常是计算搭接长度，个别工程需要计算搭接个数，对应软件"搭接设置"中"单双面焊接计算搭接长度"的选项是否勾选：此选项打钩时，单双面焊接计算搭接长度；不勾选时单双面焊接统计搭接个数，如图 1.2.7 所示。

图 1.2.7　三类搭接形式

以同一根梁的通长筋（长度超过定尺长度，计算一个非设计性搭接）为例：当选择"绑扎"连接时，计算搭接长度（1150mm），钢筋的单重最重为 44.853kg；如果是"单双面焊"且"单双面焊统计搭接长度"选项不打钩或其他的连接形式时，统计搭接个数（1个），单重是最轻的，为 40.425kg；如果是"单双面焊统计搭接长度"打钩，统计搭接长度（单面焊是 10d，双面焊是 5d），单重为 40.906kg，如图 1.2.8 所示。

图 1.2.8　不同的搭接形式对钢筋量的影响

实际工程中需要根据图纸设计说明或施工组织设计调整搭接形式，在软件"搭接设置"中按钢筋的级别、直径范围（可修改）、不同构件调整为对应的搭接形式即可，如图 1.2.9 所示。

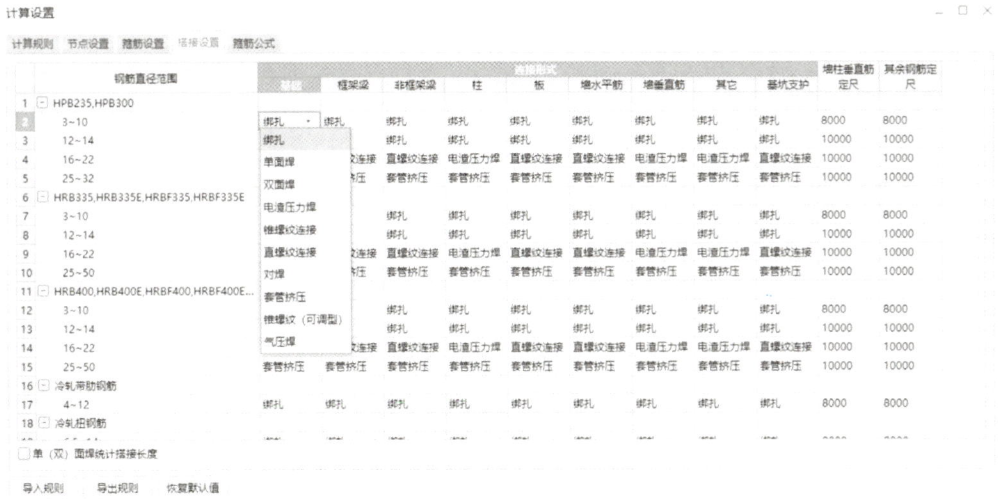

图 1.2.9　搭接设置中修改搭接形式

2. 定尺长度对工程量的影响

软件"搭接设置"中有"墙柱垂直定尺长度"和"其余钢筋定尺长度"两列，这两列的数值是否需要调整？对钢筋量有什么影响？

定尺就是由产品标准规定的钢坯和成品钢材的特定长度。当构件的钢筋长度（例如梁上部通长筋）超过定尺长度时，就会产生非设计性搭接，修改定尺长度的大小会影响非设计性搭接的数量，从而影响工程量。

实际工程中大部分楼层层高不超过软件默认的定尺长度，这时修改垂直定尺长度不影响竖向构件的工程量（层高大于定尺长度的除外），因为竖向构件如柱、剪力墙等，层与层之间都会计算一个设计性搭接；"其余钢筋定尺长度"对应水平构件（例如梁、板），修改"其余钢筋定尺长度"的数值就会影响工程量（水平构件的钢筋长度都小于定尺长度的除外）。如果是绑扎连接，定尺长度的大小会影响搭接长度，进而影响钢筋量（定尺长度越小，搭接数量就越多，搭接长度越长，钢筋量越大）；如果是统计搭接个数的连接方式（如套管连接），定尺长度的大小不影响钢筋量，但影响搭接个数（定尺长度越小，搭接个数越多），如图 1.2.10 所示。

统计搭接个数   **统计搭接长度**

☐ 影响搭接个数   ☐ 影响钢筋量

☐ 不影响钢筋量

图 1.2.10　不同的搭接形式调整定尺对钢筋量的影响

实际工程中，定额规则有明确规定的按规定调整，没有规定的可以依据图纸、施工组织设计、钢筋实际出厂长度确定。

1.2.6　钢筋设置—弯钩设置

软件"钢筋设置"中的"弯钩设置"，对于箍筋分为"弯弧段长度"及"平直段长度"，弯弧段长度根据《钢筋工手册 第三版》进行推导计算，区分不同钢筋级别及不同角度，对于常用的 135° 弯钩，圆钢弯弧段长度为 1.9d；而平直段则区分抗震及非抗震，抗震为 max（10d，75mm），非抗震为 5d（图 1.2.11）。另外，"弯钩设置"下方"箍筋弯钩平直段按照"有两个选项，分别是"图元抗震考虑"及"工程抗震考虑"，这两个选项对钢筋量有什么影响？

弯钩设置								
钢筋级别	箍筋					直筋		
	弯弧段长度(d)			平直段长度(d)		弯弧段长度(d)	平直段长度(d)	
	箍筋180°	箍筋90°	箍筋135°	抗震	非抗震	直筋180°	抗震	非抗震
1　HPB235,HPB300 (D=2.5d)	3.25	0.5	1.9	10	5	3.25	3	3
2　HRB335,HRB335E,HRBF335,HRBF335E (D=4d)	4.86	0.93	2.89	10	5	4.86	3	3
3　HRB400,HRB400E,HRBF400,HRBF400E,RRB400 (D=4d)	4.86	0.93	2.89	10	5	4.86	3	3
4　HRB500,HRB500E,HRBF500,HRBF500E (D=6d)	7	1.5	4.25	10	5	7	3	3

箍筋弯钩平直段按照：
○ 图元抗震考虑
● 工程抗震考虑

提示信息：　1、钢筋弯弧内直径D取值及平直段长度取值依据平法图集22G101-1第2-2页相关规定；弯钩弯弧段长度参考依据：《钢筋工手册 第三版》第253~258页公式推导，表格内数据为理论计算值，可根据工程实际情况调整。
　　　　　　2、选择图元抗震按图元属性中的抗震等级计算，选择工程抗震按工程信息设置的抗震等级计算。

全部导入　　全部导出　　恢复默认值

图 1.2.11　弯钩设置

软件的设置一般依据平法，22G101-1 图集封闭箍筋及拉筋弯钩设置中，封闭箍筋

135° 抗震弯钩平直段是"10*d*，75 取大值"，下方注释：非框架梁以及不考虑地震作用的悬挑梁，箍筋及拉筋弯钩平直段长度可为 5*d*；如图 1.2.12 所示。

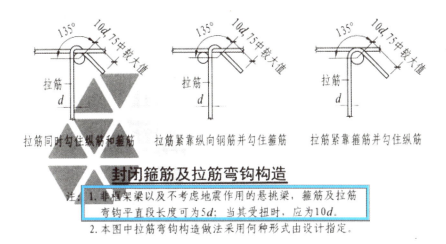

图 1.2.12　封闭箍筋及拉筋弯钩构造

　　软件中"图元抗震考虑"与"工程抗震考虑"主要是针对非框架梁等非抗震构件设置的两种选项。首先要清楚工程抗震的信息与图元抗震的信息分别在哪里查看：工程抗震的信息是在"工程信息"的"抗震等级"中查看（图 1.2.13）；每个图元的"属性"中也有对应的图元抗震等级，抗震图元（如柱、剪力墙等）的抗震等级与工程抗震等级相同，但非抗震图元（如非框架梁）的图元抗震等级为"非抗震"，不依据"工程信息"的"抗震等级"确定，如图 1.2.14 所示。

图 1.2.13　工程抗震等级　　　　　　图 1.2.14　图元抗震等级

　　以同一道非框架梁 L1 为例，当选择"工程抗震考虑"时，工程信息中抗震等级为"三级抗震"（图 1.2.13），梁箍筋的弯钩长度按抗震考虑为 11.9*d*（抗震平直段为 10*d*，弯弧段长度为 1.9*d*），如图 1.2.15 所示。

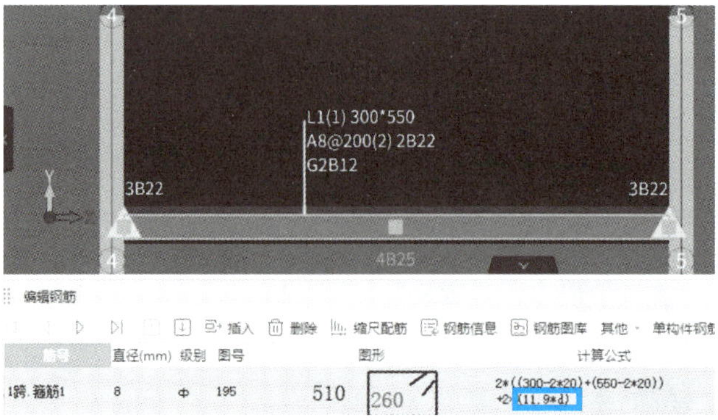

图 1.2.15   按工程抗震考虑

当选择"图元抗震考虑"时，非框架梁的图元抗震等级为"非抗震"，梁箍筋的弯钩长度按非抗震考虑为 6.9d（非抗震平直段为 5d，弯弧段长度为 1.9d），如图 1.2.16 所示。

图 1.2.16   按图元抗震考虑

实际工程中，这两个选项对工程量的影响是很小的，只对非抗震图元（如非框架梁）的钢筋量产生影响。例如一个框架结构，按图元抗震考虑只比按工程抗震考虑少 0.6t 钢筋量（图 1.2.17），工程中非抗震图元的占比越多，对工程量的影响越大。

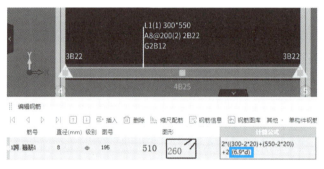

结构类型：框架结构   结构类型：框架结构

地上层数：   地上层数：

设防烈度：7   设防烈度：7

实体钢筋总重（未含措施/损耗/贴焊锚筋）（T）935.902   实体钢筋总重（未含措施/损耗/贴焊锚筋）（T）936.503

措施筋总重（T）：2.563   图元抗震考虑   措施筋总重（T）：2.563   工程抗震考虑

图 1.2.17   工程抗震和图元抗震结果差异

1.2.7   土建设置—计算设置

土建设置中"计算设置"一般是构件本身的计算原则，区分"清单"与"定额"两种设置，例如土方本身是否计算工作边及放坡等设置，"设置选项"中有多个设置选项，"清单"默认按清单计算规则设置，"定额"默认按当地的定额计算规则设置，如图 1.2.18 所示。

如要修改计算设置，需找到对应的构件，找到对应的设置描述。例如需修改砌体墙的墙厚模数，需找到"剪力墙与砌体墙"构件，找到砌体墙的"墙厚模数"（图 1.2.18），点击设置选项后面的三个小点，就可以看到具体的设置值，例如墙体设计时墙厚为"120mm"，但实际的墙厚则为"115mm"，软件在计算时则按"墙厚实际值"计算砌体墙的体积，如需修改，可双击进行修改。需要注意，计算设置区分"清单规则"及"定额规则"，如果都需要修改，则分别到对应界面进行修改。

图 1.2.18　土建设置—计算设置

1.2.8　土建设置—计算规则

土建设置中"计算规则"是构件与构件之间的扣减关系，例如当梁和柱两个构件在软件中相交时，重复的部分是计算到柱构件中还是计算到梁构件中，与"计算设置"相同，区分"清单规则"与"定额规则"，如图 1.2.19 所示。

"清单规则"默认按清单计算规则设置，"定额规则"按当地的定额规则设置，如实际提量时与规则不同，可以修改对应设置。例如吉林省定额规则中有梁板中的梁和板一起计算工程量为有梁板体积，如果需要将梁体积与板体积区分开，则需要修改"计算规则"：需找到对应构件"梁与主次肋梁"，找到对应计算规则"有梁板梁体积与有梁板板体积的扣减"，软件默认按吉林省定额规则"有梁板梁体积并入板体积计算"（图 1.2.19），此项设置是指梁构件土建工程量为 0，计算到板构件的工程量中；如需分开计算，则把此项设置修改为"0 无影响"，则梁体积按自身体积进行计算。同时需要修改板构件的计算规则，在此项规则的下方有"相关规则"，其中"有梁板板体积与有梁板梁体积的扣减"规则选项默认为"4 有梁板梁体积算至相应现浇板中，按梁中心线分割"，需修改为"1 扣梁体积"。当然，也可以在"板"构件中找到此规则描述进行修改，按此修改后，梁计算本身体积，板构件扣除与梁相交的体积，实现梁体积与板体积分开计算的提量需求。当然，修改"清单规则"后还需修改"定额规则"。

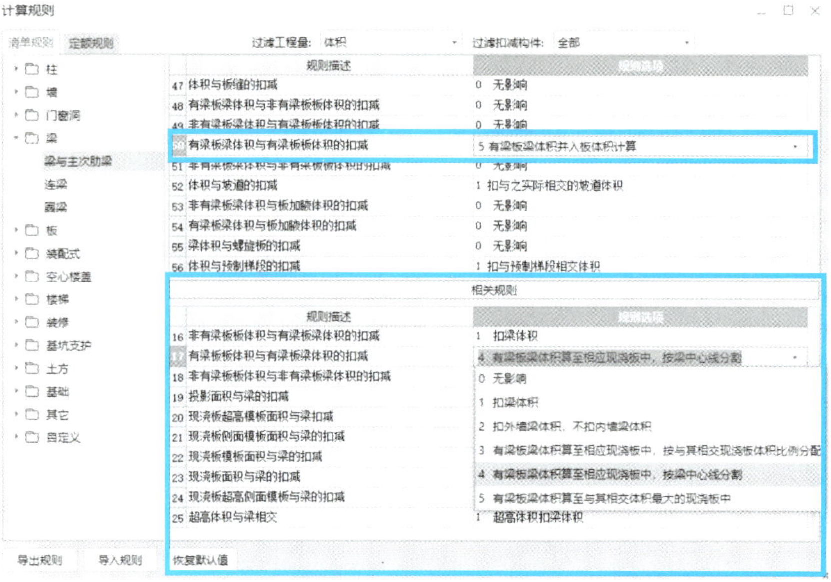

图 1.2.19　土建设置—计算规则

1.2.9　软件设置修改位置

软件中修改设置有两种方式（图 1.2.20），分别是软件上方工具条中"工程设置"及每个构件属性中对应的设置。例如修改柱构件的钢筋设置，修改工具条中"钢筋设置"针对的是本工程的所有柱构件；如果工程中 KZ1 的设置与其他框柱不同，需要在 KZ1 相应构件的"属性列表"中"钢筋业务属性"的对应设置中修改，"属性列表"中的属性值默认按"按默认设置计算"，即按工具条中"钢筋设置"计算，如果修改"属性列表"中的设置，修改后属性值变为"按设定设置计算"。需要注意，"属性列表"中设置属性是私有属性，如果是已经绘制图元后再修改设置，需要选中相应构件进行修改。

图 1.2.20　软件设置修改位置

1.3　公有属性及私有属性

构件的属性中区分公有属性及私有属性，软件中通过颜色进行区分：属性名称中蓝色字体表示公有属性，黑色字体表示私有属性，如图 1.3.1 所示。

图 1.3.1　公有属性及私有属性

以剪力墙构件为例，名称、墙厚、钢筋信息等蓝色字体的属性为公有属性，公有属性是共有的属性，例如平面图中有多个 Q1 的剪力墙构件，修改公有属性，如将墙厚"200"修改为"250"，则绘制好的所有 Q1 构件的墙厚均修改为"250"；私有属性为构件私有的属性，例如标高属性等黑色字体表示的属性为私有属性，直接修改私有属性对已经绘制的构件没有影响，但影响后面重新绘制的剪力墙构件。可以选中需要修改的已绘制的构件，再修改私有属性，就可以针对已选中的构件修改对应属性。

第 2 篇

常用构件篇

本篇主要针对工程中的常用构件进行解析，涉及柱、墙、梁、板、基础、土方、节点等内容。主要从各构件的关键属性、建模技巧、特殊构造处理、关键计算设置、提量注意事项五个方面进行解析，以达到精准建模、灵活提量的目的。

第2章 柱专题

2.1 柱属性解析

2.1.1 柱属性

1. 柱结构类别

平法图集中柱类型包含框架柱、转换柱、芯柱（图 2.1.1）。框架柱常用于框架结构，主要承受竖向压力，承受框架梁传输的荷载。转换柱常出现在框架结构向剪力墙结构转换的楼层，也就是转换层。芯柱一般不是一根独立的柱子，柱截面较大时，设计人员需计算柱的承力情况，如果外侧一圈纵筋不能满足承力要求时，会在柱中再设置一圈纵筋，所以芯柱在建筑外表面是看不到的，隐藏在柱内。以上类型直接在土建计量 GTJ 柱属性的"结构类别"中设置即可，或者直接根据图纸要求输入对应的柱名称（如 ZHZ-1），软件会自动将柱类型调整为转换柱，如图 2.1.2 所示。

柱编号

柱类型	类型代号	序号
框架柱	KZ	××
转换柱	ZHZ	××
芯柱	XZ	××

图 2.1.1 平法图集柱类型

图 2.1.2 柱结构类别设置

2. 柱纵筋信息—特殊钢筋输入方式

软件中可以通过不同的输入方式指定纵筋的计算结果，输入"*"时表示纵筋在本层锚固计算。例如输入 *2⌀22+2⌀20 表示有 2 根 ⌀22 的钢筋在本层锚固计算，其余钢筋伸至上层计算。输入"#"时表示纵筋在本层强制按顶层柱外侧纵筋计算。例如输入 #2⌀22+2⌀20 表示有 2 根 ⌀22 的钢筋按顶层外侧纵筋计算，其余钢筋伸至上层。如图 2.1.3 所示。

图 2.1.3　特殊钢筋输入

3. 节点区箍筋

柱梁节点相交部位称为节点核心区（图 2.1.4），平法图集中规定当框架节点核心区内箍筋与柱端箍筋设置不同时，应在括号中注明核心区箍筋直径及间距，例如 φ10@100/200（φ12@100）表示柱中箍筋为 HPB300 钢筋，直径为 10mm，加密区间距为 100mm，非加密区间距为 200mm。框架节点核心区箍筋为 HPB300 级钢筋，直径为 12mm，间距为100mm。此种情况直接在土建计量 GTJ 柱属性的"节点区箍筋"中输入即可，如果内外箍筋直径一致，则输入格式为"级别＋直径＋间距"；如果内外箍钢筋信息不一致，则用"+"连接，加号前是外箍筋，加号后是内箍筋，如图 2.1.5 所示。

图 2.1.4　节点核心区示意图

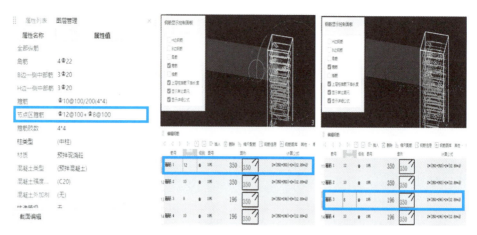

图 2.1.5　节点核心区设置

4. 柱类型

根据平法图集规定，顶层柱内侧和外侧纵筋、梁宽范围内和梁宽范围外的纵筋在顶部的锚固有所不同，因此需要区分哪些纵筋属于外侧筋、哪些纵筋属于内侧筋，并且需区分该钢筋属于梁宽范围内还是梁宽范围外，这样才能按照各自不同的顶部锚固形式计算钢筋量，具体钢筋构造在平法图集中均有相应的构造详图（图 2.1.6）。所以建模时顶层柱需要进行柱类型判定，分为边柱、角柱、中柱，区分柱类型后再结合柱图元的绘制情况即可区分内外侧纵筋，并且需区分该钢筋属于梁宽范围内还是梁宽范围外（图 2.1.7），以保证钢筋量计算的准确性。软件中可通过"判断边角柱"功能自动进行顶层边角柱判断，具体操作方式参见本书 2.2.1 节柱绘制技巧。

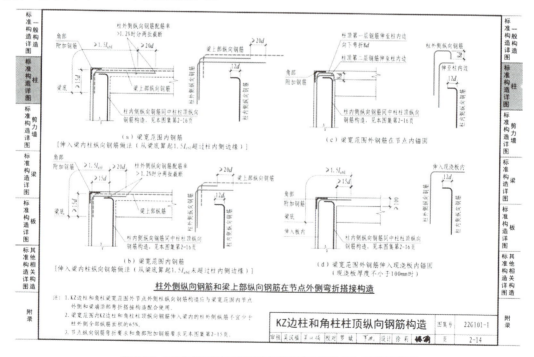

图 2.1.6　KZ 边柱和角柱柱顶纵向钢筋构造（22G101-1 平法图集）

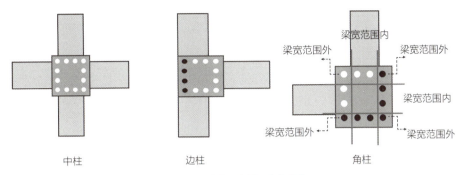

图 2.1.7 边柱、角柱、中柱区分

5. 其他钢筋 / 箍筋

柱构件属性-钢筋业务属性中设有"其他钢筋""其他箍筋"属性框（图 2.1.8），除了当前构件中已经输入的钢筋，还有需要计算的钢筋或箍筋，可以在"其他钢筋""其他箍筋"中输入，如柱角部附加钢筋。需要注意的是，其他钢筋 / 箍筋不考虑保护层，不影响构件相互扣减，其形状由图号控制，一般选择样式一致或相似的图号，标注对应尺寸即可，如图 2.1.9 所示。

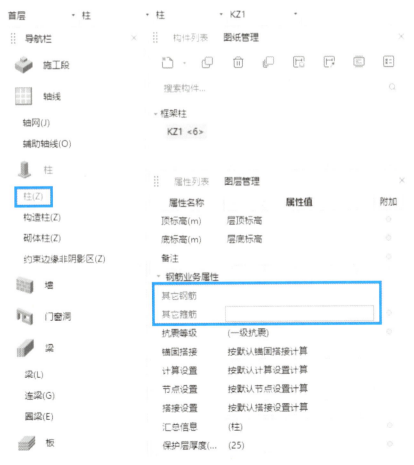

图 2.1.8 其他钢筋、其他箍筋属性

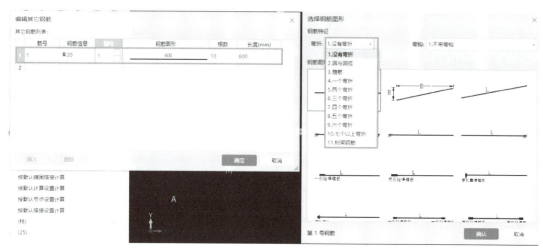

图 2.1.9   其他钢筋设置

6. 插筋构造

柱属性中的"插筋构造"是指柱层间变截面或钢筋发生变化时的柱纵筋设计构造，或者柱在生根时的纵筋构造，包含"纵筋锚固"与"设置插筋"两种形式（图 2.1.10）。很多人不清晰这两种方式的区别，当选择设置插筋时，软件根据相应设置自动计算插筋；当选择纵筋锚固时，则上层柱纵筋伸入下层，不再单独设置插筋。以基础插筋为例，设置插筋就是柱筋分为两段，下部的一段是插到基础里的，上部的一段与插筋连接。纵筋锚固就是整个一层就一根通高钢筋，不断开，直接锚固。所以设置插筋比纵筋锚固多一个连接接头，如图 2.1.11 所示。

图 2.1.10   插筋构造

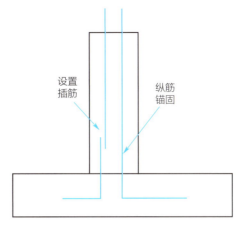

设置
插筋

纵筋
锚固

图 2.1.11　设置插筋与纵筋锚固区别

7. 柱截面编辑

柱属性中的"截面编辑"功能可以根据需要自由地布置纵筋/箍筋，例如图纸上规定的柱箍筋内外直径不一致时，直接通过该功能调整即可，尤其是针对异形柱钢筋布置非常便捷。如图 2.1.12 所示。

图 2.1.12　柱截面编辑

2.1.2　构造柱属性

构造柱中的属性与柱构件基本类似，此处不再赘述，重点对马牙槎设置及宽度进行说明。

构造柱属性列表中的"马牙槎设置"中可以设置"带马牙槎"和"不带马牙槎"两种形式。马牙槎宽度是指单边宽度，按照图纸输入即可（图 2.1.13）。需要注意的是，布置的构造柱只有与非混凝土墙相交时，才会自动计算出马牙槎的工程量，与混凝土墙相交时则不会计算马牙槎的工程量，具体可在构造柱的计算式中查看（图 2.1.14）。

图 2.1.13　马牙槎设置及宽度属性

图 2.1.14　马牙槎计算式

2.2　柱建模技巧

2.2.1　柱绘制技巧

1. 柱建模方式-手动绘制

常用的柱绘制方式如表 2.2.1 所示。

柱常用建模方式　　　　　　　　　　　　　　　　　表 2.2.1

常用功能	功能说明
点	1. 以点画法绘制图元，需逐个手动绘制
	2. 点式构件按 F4 可切换插入点，F3 左右旋转，Shift+F3 上下旋转
	3. 特殊构件（如异形柱）可配合旋转点功能将构件绘制在正确的位置上
智能布置	柱构件支持按照轴线、桩、墙、梁、门窗洞、独基、桩承台、柱帽布置，可批量完成柱构件的布置，但是布置出来的柱图元属性信息完全一致，若属性信息不一致的需要手动修改

2. 顶层边角柱判断

顶层柱需判断边角柱以保证钢筋的正确计算（具体原因本书 2.1 节柱属性解析中已进行说明，此处不再赘述），软件中直接采用"判断边角柱"功能即可快速判断顶层柱类型，使用该功能后图元会用不同颜色显示与区分，如图 2.2.1 所示。

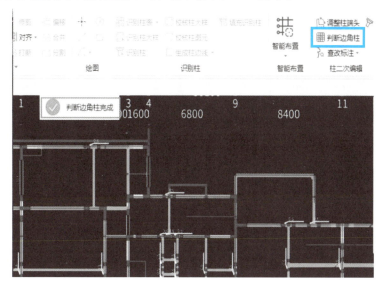

图 2.2.1　自动判断边角柱

同时，软件将平法图集内置到计算设置-节点设置中，判断边角柱之后软件会根据建模情况，自动判断内外侧钢筋、梁宽范围内及梁宽范围外钢筋，我们只需要按照工程实际情况选择对应节点、正确绘制模型，即可准确计算钢筋量，如图 2.2.2、图 2.2.3 所示。

图 2.2.2　顶层边角柱节点设置

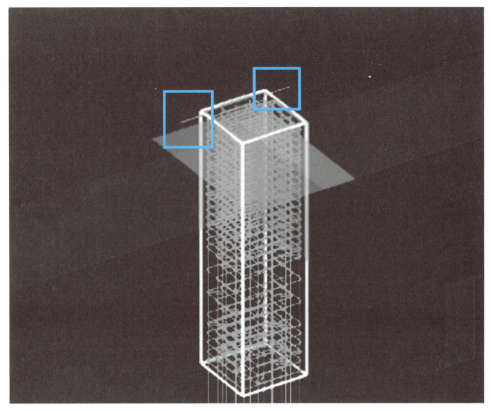

图 2.2.3　软件自动判断钢筋情况

2.2.2　柱识别技巧

1. 柱建模方式—CAD 识别

常用的柱识别方式如表 2.2.2 所示。

柱常用识别方式　　　　　　　　　　　　　　　表 2.2.2

常用功能	功能说明
识别柱表	此功能可将 CAD 图纸中的柱表识别成柱构件
识别柱大样	此功能可将 CAD 图中的柱大样识别为软件中的构件
识别柱 / 填充识别柱	1. 识别柱功能可将 CAD 图中的柱识别为软件中的图元
	2. 填充识别柱功能可根据 CAD 图中的柱填充识别柱图元
	3. 两者判断使用原则：看柱子边线是否封闭及是否有填充 （1）边线封闭没有填充，用识别柱 （2）边线不封闭有填充，用填充识别 （3）边线封闭也有填充，两种方式都可

2. 柱识别常见问题–墙柱共线处理

图纸中经常出现墙柱共线情况，即剪力墙和柱边线共用一条线，如图 2.2.4 所示。

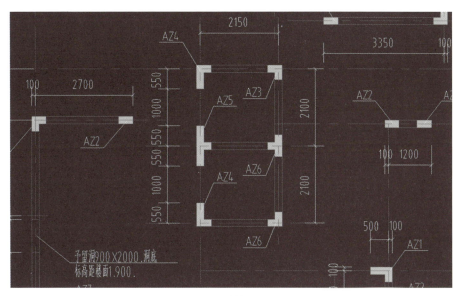

图 2.2.4　墙柱共线情况

此种情况如果直接识别的话，可能会出现柱无法识别的情况，此种情况常见的处理方式有两种：

（1）自动生成柱边线

使用"生成柱边线"功能，可以先生成封闭的柱边线，然后识别柱。具体操作步骤为：提取剪力墙边线→识别柱→生成柱边线→生成完成，再用自动识别柱，如图 2.2.5 所示。

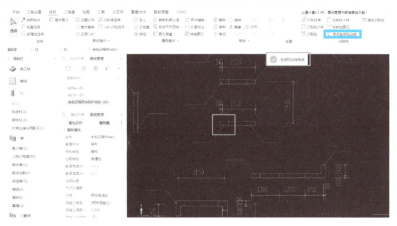

图 2.2.5　自动生成柱边线

（2）补画 CAD 线

使用"补画 CAD 线"功能将柱边线补画后再识别。具体操作步骤为：点击"补画 CAD 线"功能→选择需要补画的线→单击鼠标左键在相应位置进行绘制，绘制同时，可在绘图界面下方开启动态输入按钮，即可输入距离和角度。需要注意的是，补画后的 CAD 线默认在已提取 CAD 图层中，可以不用再提取，直接进行下一步操作正常识别即可。另外，补画 CAD 线只能绘制 CAD 线条，不能绘制其他的标注信息，若其他标注 / 信息缺失，则需要在 CAD 中绘制。如图 2.2.6 所示。

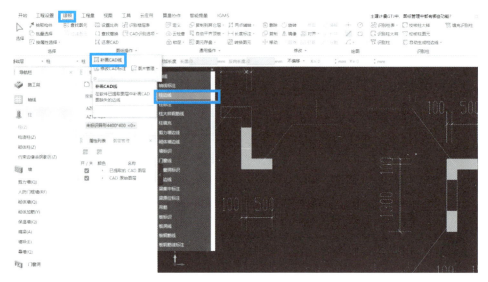

图 2.2.6　补画 CAD 线

2.3　柱特殊构造处理

2.3.1　斜柱处理

为满足建筑功能和美观的需要，很多大型公共建筑及地标性建筑中包含斜柱。此种情况可以通过"设置斜柱"功能处理，该功能可以通过设置柱的倾斜尺寸或倾斜角度，将已绘制的柱图元调整为斜柱，如图 2.3.1 所示。

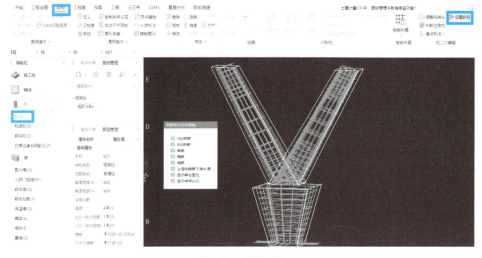

图 2.3.1　设置斜柱

2.3.2　KZ 边柱、角柱柱顶等截面伸出

实际工程中框架柱边柱、角柱在顶层可能会做伸出构造，类似顶层起柱，一般会在图纸说明中予以明确（图 2.3.2），平法图集中也对此种情况的钢筋构造有明确说明，当伸出长度自梁顶算起满足直锚长度时，柱纵筋伸至柱顶截断，当伸出长度自梁顶算起不满足直锚长度时，内外侧纵筋均伸至对边弯折 $15d$，如图 2.3.3 所示。

图 2.3.2 柱顶等截面伸出构造

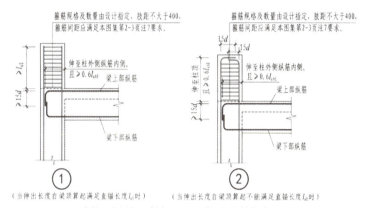

图 2.3.3 柱顶等截面伸出构造（22G101-1 图集）

此种情况在软件中处理起来十分简单，具体操作步骤为：判断边角柱→柱标高直接上调。另外，图集的构造要求已经进行内置，也可结合工程实际情况进行调整，如图 2.3.4、图 2.3.5 所示。

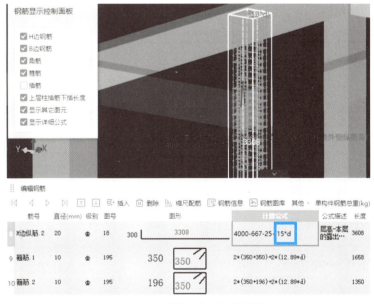

图 2.3.4 柱顶等截面伸出构造软件处理

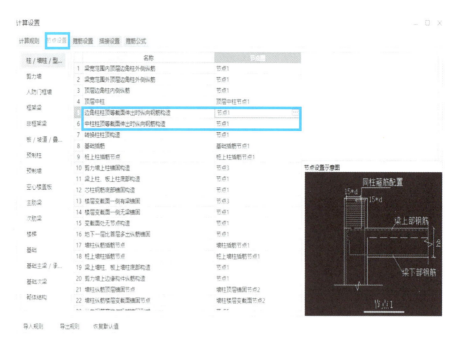

图 2.3.5　柱顶等截面伸出构造节点设置

2.4　柱设置注意事项

2.4.1　柱在基础内的箍筋数量设置

平法图集中对于柱纵向钢筋在基础内的箍筋设置有明确说明，保护层 $> 5d$ 时，需设置间距 $\leqslant 500$，且不少于 2 道的矩形封闭箍筋，保护层 $\leqslant 5d$ 时，需设置锚固区横向箍筋，锚固区横向箍筋应满足直径 $\geqslant d/4$（d 为纵筋最大直径），间距 $\leqslant 5d$（d 为纵筋最小直径）且 $\leqslant 100$mm 的要求，如图 2.4.1 所示。

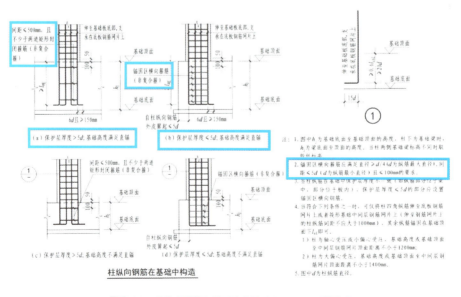

图 2.4.1　柱纵向钢筋在基础中构造（22G101-3 图集）

　　柱在基础内的箍筋数量可在软件钢筋设置-计算设置-计算规则中进行调整，用来控制柱在基础内的箍筋计算数量，可指定锚固区箍筋根数、间距或输入具体规格，如图 2.4.2 所示。

图 2.4.2　柱在基础插筋锚固区的箍筋数量设置

2.4.2　柱纵筋在基础内的弯折长度设置

　　平法图集中对于柱基础插筋弯折长度亦有明确说明，插筋伸入基础长度 = 基础高（h_j）-保护层（bhc），其弯折长度与基础高度有关，如果基础高度满足直锚，则插筋弯折长度为 max（$6d$，150mm），如果基础高度不满足直锚，则插筋弯折长度为 $15d$，如图 2.4.3 所示。

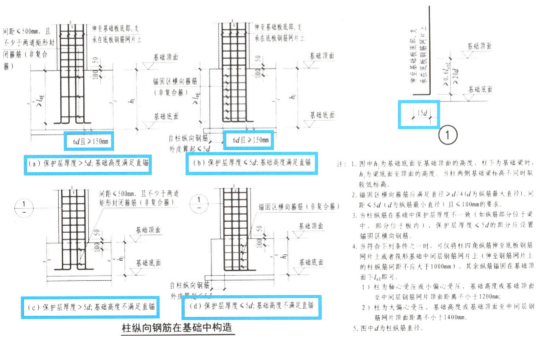

图 2.4.3　柱基础插筋构造（22G101-3 图集）

　　实际工程中柱基础插筋设置情况不尽相同，可能直接按照上述图集要求设置，也可能直接给定具体的弯折长度（图2.4.4）。除此之外，还要注意柱纵筋伸入基础的锚固形式，可能是全部伸入基底弯折，也可能只有角筋伸入基底弯折，处理时都需要注意。无论何种情况，都可以直接在软件钢筋设置-计算设置-计算规则中进行调整，如图2.4.5所示。

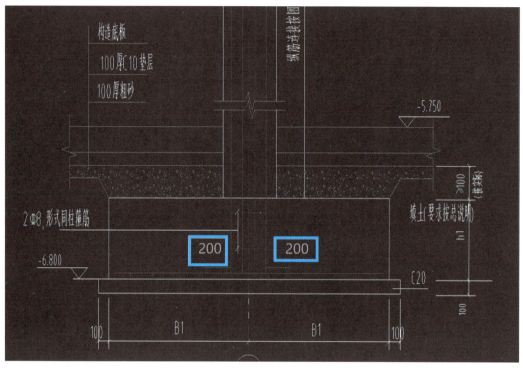

图2.4.4　柱基础插筋直接给定具体长度

图2.4.5　柱插筋弯折长度及锚固形式设置

2.4.3 嵌固部位设置

嵌固部位即嵌固端，就是平常说的固定端。不允许构件在此部位有任何位移或相对嵌固端以上部位位移很小，如图 2.4.6 所示。

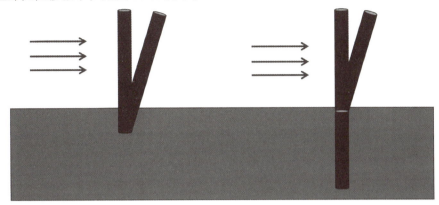

图 2.4.6 柱嵌固部位

出于以上原因，为确保构件不在嵌固端截断，首先此部位纵向受力钢筋不可进行连接（绑扎搭接、机械连接、焊接连接），而且箍筋要加密，并且加密区范围要比其他部位大，为 $H_n/3$，如图 2.4.7 所示。

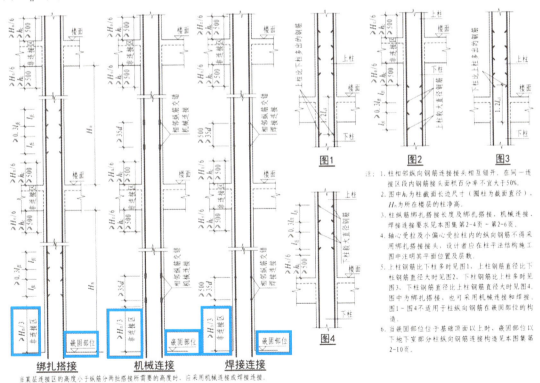

图 2.4.7 嵌固部位钢筋构造（22G101-1 图集）

清晰了嵌固部位的钢筋构造后，就需要清晰哪些位置是嵌固部位，实际工程中结合平法图集规定及结构楼层表即可判定，楼层表中双细线、双虚线标注的位置都需要按嵌固部位计算，但是如果嵌固部位在基础顶时，也可不单独注明，如图 2.4.8 所示。

2.1.3 在柱平法施工图中，应按本规则第1.0.8条的规定注明各结构层的楼面标高、结构层高及相应的结构层号，尚应注明上部结构嵌固部位位置。

2.1.4 上部结构嵌固部位的注写：

1）框架柱嵌固部位在基础顶面时，无须注明。

2）框架柱嵌固部位不在基础顶面时，在层高表嵌固部位标高下使用双细线注明，并在层高表下注明上部结构嵌固部位标高。

3）框架柱嵌固部位不在地下室顶板，但仍需考虑地下室顶板对上部结构实际存在嵌固作用时，可在层高表地下室顶板标高下使用双虚线注明，此时首层柱端箍筋加密区长度范围及纵向钢筋（也称"纵筋"）连接位置均按嵌固部位要求设置。

图 2.4.8　嵌固部位注释说明（22G101-1 图集）

软件中可以直接在钢筋设置-计算设置-计算规则中进行嵌固部位设置，如图 2.4.9 所示工程，其嵌固部位为 −9.9m 位置，则设置方式如图 2.4.10 所示，如果工程中存在多个嵌固部位，直接勾选对应楼层即可，如图 2.4.11 所示。

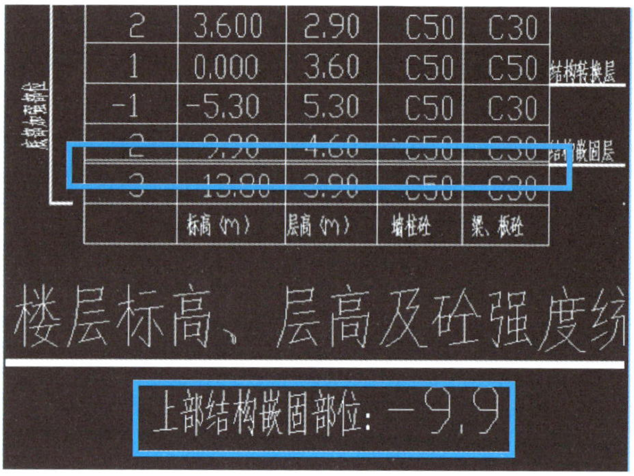

图 2.4.9　楼层表嵌固部位说明

图 2.4.10　嵌固部位设置

图 2.4.11　多嵌固部位设置

2.5　柱提量注意事项

模板体积 / 面积与超高模板体积 / 面积区别：

柱构件建模完成提量时会有模板面积 / 体积、超高模板面积 / 体积两个工程量，很多人不清楚二者区别。其实非常简单，概括来说模板面积 / 体积就是图元实际的接触面积 / 图元的总体积，图元绘制多高就计算多高（模板面积就是柱周长 × 柱高度；体积就是柱截面面积 × 柱高度）。超高模板面积 / 超高体积是当图元超过 3.6m 以后，会考虑计算超高模板面积 / 超高体积，具体计算是按照软件中的计算设置进行的，有些地区计算的是超高体积，计算原理同超高模板面积。所以软件中所有图元的模板 / 体积与超高模板 / 超高体积之间没有包含的关系，两种计算方法不一样，需要哪个提取哪个量即可，如图 2.5.1、图 2.5.2 所示。

图 2.5.1　软件超高模板设置

图 2.5.2   模板面积和超高模板面积

第3章　剪力墙专题

3.1 剪力墙属性解析

剪力墙属性中有基础属性、钢筋业务属性及土建业务属性：基础属性中录入剪力墙墙厚及基础钢筋信息；钢筋业务属性中录入剪力墙的其他钢筋、压墙筋及钢筋计算设置等；土建业务属性中主要有土建计算设置及计算规则等。

3.1.1 剪力墙基础属性

1. 剪力墙基础属性录入

依据图纸中剪力墙表或剪力墙大样图中剪力墙的基本信息录入剪力墙基本属性中，以剪力墙表为例，如图 3.1.1 所示。

剪力墙墙身配筋表：

编号	标 高	墙 厚	水平分布筋	垂直分布筋	拉筋
Q1	-0.050~14.450	200	φ8 @200（两排）	φ10 @200（两排）	φ6 @600 @600
Q3	-0.050~14.450	300	φ10 @200（两排）	φ10 @200（两排）	φ6 @600 @600

图 3.1.1　剪力墙表

（1）软件中剪力墙基础属性（图 3.1.2）依据剪力墙表（图 3.1.1）录入，以 Q1 为例："名称"为"Q1"，"墙厚"为"200"，"水平分布筋"为"（2）φ8@200"，"垂直分布筋"为"（2）φ10@200"，"拉筋"为"φ6@600×600"。

（2）"房间边界"：默认属性为"是"，是指布置装修"房间"构件时，以此剪力墙作为边界布置，如果布置"房间"时，不想此剪力墙构件将房间分割开，可将此属性修改为"否"。本属性为私有属性，如果是已经布置好的构件修改属性，需选中构件进行修改。

（3）"轴线距左墙皮距离"：默认为墙厚的一半，即绘制剪力墙时，轴线即为剪力墙中线。如剪力墙中线偏移轴线布置，可修改此属性，需注意绘制前进方向的左侧为左墙皮，此属性同样为私有属性。

（4）"内 / 外墙标识"：默认为新建时所选择的属性，可

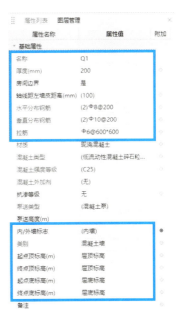

图 3.1.2　剪力墙基础属性

修改。内外墙属性在软件中会影响钢丝网片、防水等工程量，在软件内置的算法中，需识别封闭的一圈外墙，以此区分内外，封闭的外墙内侧为内、外侧为外。因此在实际工程中，外墙需保障两个前提：第一，外面一圈墙属性需为外墙；第二，保障外墙一圈封闭。若不封闭，需补画虚外墙，将其封闭。这样外墙外侧钢丝网片、外墙内侧钢丝网片等工程量才能计算正确。

（5）标高属性：默认为层底和层顶标高，即层与层之间是连续的。剪力墙构件通过四个点的标高值决定剪力墙的高度及位置，两点确定一条直线，绘制时点的第一个点为起点，第二个点为终点，由于剪力墙有高度，所以区分起点底标高和起点顶标高、终点底标高和终点顶标高。

2. 内外侧钢筋不同

实际工程中存在内外侧钢筋不同的情况，"水平分布筋"及"垂直分布筋"钢筋信息需要用"+"连接，例如外侧钢筋为 C12@200，内侧钢筋为 C10@200 时，钢筋信息中输入"C12@200+C10@200"，"+"左侧为外侧钢筋，右侧为内侧钢筋，同时绘制时需要顺时针绘制（保障绘制方向的左侧为外侧钢筋。如果钢筋信息录入时为"内侧 + 外侧"，那么需要逆时针绘制）。

对于实际工程中不同的钢筋输入方式，点击钢筋属性对应的属性值后面三个小点，进入"钢筋输入小助手"，参考下面的格式及右侧的说明进行输入，如图 3.1.3 所示。

图 3.1.3　钢筋输入小助手

例如左右侧钢筋不同，用"+"号连接，格式中有案例，右侧有说明；例如实际工程中水平钢筋分段配筋，从下至上配筋信息不同时，用"/"分开，在"[ ]"中输入高度，例如水平筋中录入"（2）C14@200[1500]/（2）C12@200[1500]"，指剪力墙水平筋下部布置间距为 200 的 C14 的水平筋，排布高度为 1500；接着布置间距为 200 的 C12 的水平筋，排布高度为 1500。

3.1.2　剪力墙钢筋业务属性

1. 局部垂直附加钢筋处理

楼层剪力墙的钢筋信息可以在基础属性中录入，但地下室剪力墙配筋会更复杂，除水平分布筋及垂直分布筋外，还有附加钢筋等，地下室剪力墙配筋示意如图 3.1.4 所示。

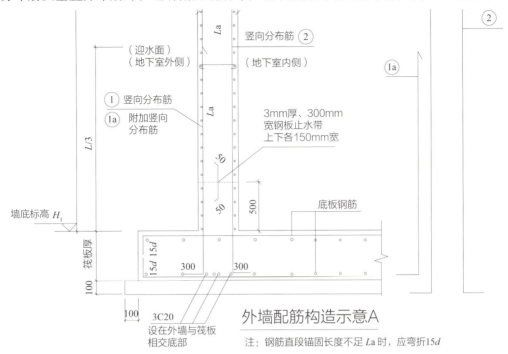

图 3.1.4　地下室剪力墙配筋示意（部分）

图中 1 号筋及 2 号筋分别为外侧竖向分布筋及内侧竖向分布筋，1a 为附加竖向分布筋，此钢筋不同于竖向分布筋，附加竖向分布筋露出基础顶面高度一般固定，此案例为 $L/3$（L 为墙高），此钢筋在软件中可以在"钢筋业务属性"中"其他钢筋"中录入（图 3.1.5），点击属性值中的三个小点，进入"编辑其他钢筋"，输入筋号"1a"，按剪力墙表输入钢筋信息，图号中选择"一个弯折"，"钢筋图形"中输入钢筋长度，加强筋类型默认为"垂直加强筋"，垂直加强筋可以根据所绘制剪力墙长度除以钢筋间距，自动计算根数；"水平加强筋"则根据墙高除以钢筋间距计算钢筋根数。

图 3.1.5　垂直加强筋处理

2. 压墙筋处理

除附加竖向钢筋外，有的工程地下室外墙底部及顶部会附加钢筋，例如图 3.1.4 中在外墙与筏板相交底部附加 3 根直径为 20 的三级钢，此钢筋为附加钢筋，与剪力墙钢筋、筏板钢筋无扣减，这类附加钢筋可在"钢筋业务属性"中的"压墙筋"（图 3.1.5）中处理。

3. 纵筋构造

剪力墙属性"钢筋业务属性"中"纵筋构造"默认为"设置插筋"（图 3.1.5），即剪力墙纵筋在基础构件中设置插筋，插筋露出基础一定长度截断，上层钢筋与基础插筋搭接连接，往上层依然露出一定长度截断，再与上层钢筋搭接，22G101-1 图集中剪力墙竖向分布筋连接构造如图 3.1.6 所示。

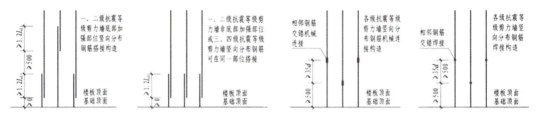

剪力墙竖向分布钢筋连接构造（一）

图 3.1.6 剪力墙竖向分布钢筋连接构造

软件中"纵筋构造"默认为"设置插筋"，与平法图集中保持一致。但如果顶层露台剪力墙为矮墙，按软件默认"设置插筋"可能会提示"纵筋小于 0"的情况，出现这种情况的主要原因是墙的高度小于其露出长度。实际工程中，这种情况不会再设置插筋，从下层伸出一定长度到顶层锚固，此时可以将"纵筋构造"的属性值修改为"纵筋锚固"即可。

软件默认基础插筋信息与剪力墙垂直分布筋钢筋信息相同，实际工程中基础插筋信息与剪力墙垂直分布筋钢筋信息不同时，可以在"钢筋业务属性"中的"插筋信息"中输入级别 + 直径即可，插筋则按此信息进行计算，注意此属性为私有属性。

"水平分布筋计入边缘构件体积配箍率"属性会在 3.3 节具体讲解。

3.2 剪力墙建模技巧

3.2.1 剪力墙绘制技巧

剪力墙构件为线式构件，绘制时主要通过"直线"方式绘制，但绘制时需要注意：

（1）内外侧钢筋不同时，绘制的方向需与属性中钢筋信息对应："+"左侧为外侧钢筋，"+"右侧为内侧钢筋时，剪力墙需顺时针绘制；反之需要逆时针绘制。也就是绘制方向的左右侧与属性中钢筋信息中"+"的左右侧对应。

（2）当遇到暗柱或端柱时，需注意剪力墙绘制的起始位置，建议剪力墙绘制至暗柱、端柱内部，例如转角构造剪力墙需连续绘制（图 3.2.1），连续绘制后剪力墙外侧钢筋连续通过、内侧钢筋伸入对边弯折 15d，与转角墙节点构造相同。如果绘制到暗柱边则按端部构造计算（内外侧均伸到对边弯折

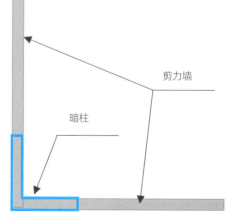

图 3.2.1 剪力墙在暗柱位置连续绘制

15d）；除此之外，剪力墙绘制到柱内部，通过房间方式处理装修更方便，否则提示未封闭，无法布置房间构件。

3.2.2　剪力墙识别技巧

（1）识别剪力墙流程：切换至剪力墙构件→图纸切换至剪力墙平面图→点击"识别剪力墙"→点击"提取剪力墙边线"，选择剪力墙边线，单击鼠标右键（剪力墙边线消失说明提取正确）→点击"提取墙标注"，选择剪力墙名称等标注，单击鼠标右键（剪力墙名称等标识消失说明提取正确）→点击"提取门窗线"，选择门窗线，单击鼠标右键（没有门窗线忽略此步）→点击"识别剪力墙"，软件自动完成剪力墙识别及校核（针对有问题的墙进行修改）。如图 3.2.2 所示。

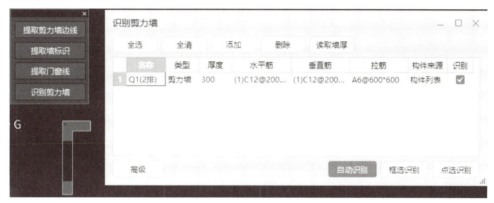

图 3.2.2　识别剪力墙

（2）识别完成后，如果剪力墙内外侧钢筋不一致，可以通过键盘上的"~"键显示图元方向。如果方向不正确，选中需要修改的剪力墙，单击鼠标右键→调整方向即可，如图 3.2.3 所示。

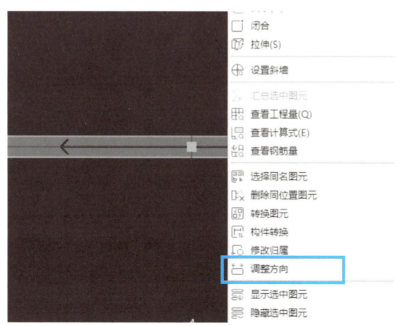

图 3.2.3　修改图元方向

3.3 剪力墙结构其他构件

本节主要涉及影响剪力墙钢筋量的构件，包括约束边缘构件及连梁构件。

3.3.1 约束边缘非阴影区

1. 约束边缘非阴影区构件

（1）约束边缘非阴影区图纸表达

在剪力墙或框剪结构中，经常出现约束边缘构件，其配筋说明一般在墙柱定位图或剪力墙结构图体现，如图 3.3.1 所示。

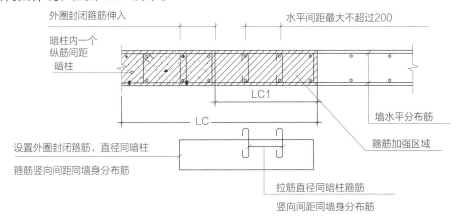

图 3.3.1　剪力墙约束边缘构件构造

图 3.3.1 中左侧为暗柱构件，LC1 段为约束边缘构件，约束边缘构件中封闭箍筋需伸入暗柱内一个纵筋间距，直径同暗柱箍筋直径，其竖向排布同剪力墙墙身水平分布筋；阴影区内的纵筋为剪力墙纵筋；阴影区内的拉筋直径同暗柱箍筋，竖向间距同墙身水平分布筋。

约束边缘构件在平面图中一般按阴影图形表示，平面图上会具体标注约束边缘构件的长度，宽度与剪力墙同厚，如图 3.3.2 所示。

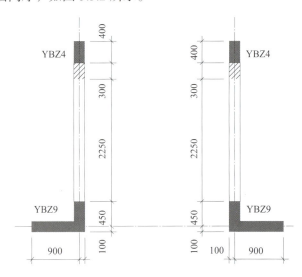

图 3.3.2　约束边缘构件平面图

（2）约束边缘非阴影区软件处理

软件在"柱"构件下有"约束边缘非阴影区"构件，可以"新建约束边缘非阴影区"，选择图纸中对应的非阴影区类型，例如案例中约束边缘构件的箍筋需勾住暗柱第二列纵筋，因此约束边缘非阴影区的类型为"封闭箍筋-1"（图 3.3.3），在此界面按图纸信息修改钢筋信息，软件中显示为绿色的字体均可以修改，例如本案例平面图上约束边缘构件的长度为300，则修改其长度为"300"（软件默认约束边缘构件与墙同厚，因此没有厚度属性），其他钢筋信息与图纸钢筋信息相同，此处不修改。如需修改，软件中也给出了相应的钢筋格式（图 3.3.3）。新建完成后，通过"点"画的方式进行绘制。

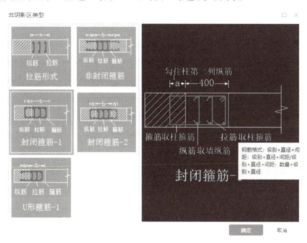

图 3.3.3　新建约束边缘构件

2. 剪力墙"水平分布筋计入边缘构件体积配箍率"属性

剪力墙构件属性中的"钢筋业务属性"中"水平分布筋计入边缘构件体积配箍率"属性，软件默认的属性值为"不计入"，如图 3.3.4 所示。

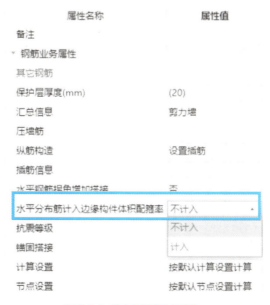

图 3.3.4　剪力墙钢筋业务属性

此属性值有两个选项，分别是"计入"和"不计入"，默认为"不计入"，即剪力墙、约束边缘构件、暗柱构件分别计算对应钢筋；如果修改为"计入"，则按22G101-1图集的第2-25、2-26页，满足安全情况下，剪力墙水平筋可代替相同位置的约束边缘构件及暗柱的外侧箍筋，如图3.3.5所示。

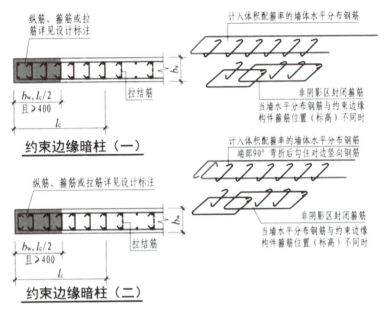

图 3.3.5　剪力墙水平分布钢筋计入约束边缘构件体积配箍率的构造做法（暗柱）

修改此属性（此属性为私有属性），会影响剪力墙的水平钢筋长度、约束边缘构件及暗柱的封闭箍筋的根数。下面分别讲解：

（1）是否计入对剪力墙水平筋长度的影响

当属性值为"不计入"时，剪力墙水平分布筋长度计算按原有计算原则，端部构造取普通节点构造。以端部为暗柱为例，剪力墙水平筋端部构造的"节点设置"按"水平筋端部暗柱节点"计算，剪力墙水平筋伸至端部弯折10d，如图3.3.6所示。

图 3.3.6　不计入时剪力墙水平筋端部节点

当属性值为"计入"时，剪力墙水平筋端部构造的"节点设置"按"水平筋代替边缘构件箍筋时端部暗柱节点"计算，如图 3.3.7 所示。

图 3.3.7　计入时剪力墙水平筋端部节点

在案例工程中，相同的暗柱及约束边缘构件，但剪力墙的属性不同，一个"水平分布筋计入边缘构件体积配箍率"属性值为"不计入"，一个属性值为"计入"，分别查看钢筋三维及编辑钢筋，结果显示墙身水平筋的长度不同，"不计入"伸入暗柱边弯折 10d；"计入"时则伸入暗柱边 90° 弯折后勾住对边竖向钢筋，分别按"节点设置"中不同的选项计算，如图 3.3.8 所示。

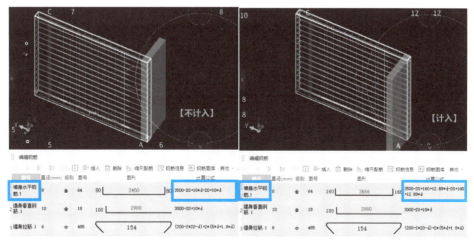

图 3.3.8　是否计入对剪力墙水平钢筋的影响

（2）是否计入对约束边缘构件封闭箍筋根数的影响

当剪力墙属性"水平分布筋计入边缘构件体积配箍率"的属性值为"不计入"时，约束边缘构件外圈封闭箍筋按柱箍筋信息进行计算，根数为 31 根；当属性值为"计入"时，剪力墙水平筋可代替同位置的约束边缘构件的外圈封闭箍筋，不同位置外圈封闭箍筋正常布置，因此约束边缘构件的封闭箍筋根数为 15 根。但内侧的拉筋不受影响，根数不变，如图 3.3.9 所示。

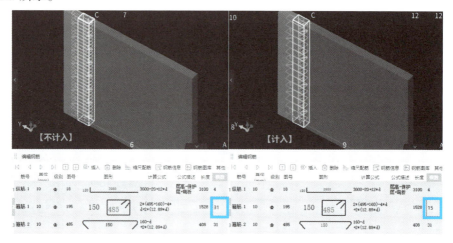

图 3.3.9　是否计入对约束边缘构件封闭箍筋根数的影响

（3）是否计入对暗柱封闭箍筋根数的影响

剪力墙属性是否进入对暗柱封闭箍筋根数的影响与对约束边缘构件的影响相同，当"不计入"时，暗柱外圈封闭箍筋根数为 31 根；当"计入"时，暗柱外圈封闭箍筋根数为 15 根，但内侧的拉筋或箍筋不受影响，如图 3.3.10 所示。

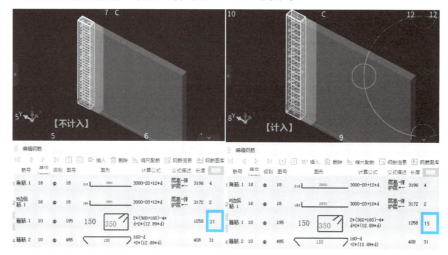

图 3.3.10　是否计入对暗柱封闭箍筋根数的影响

3.3.2　连梁

1. 连梁对剪力墙钢筋量的影响

在剪力墙结构中，剪力墙洞口上方及楼层与楼层交界处也属于薄弱部位，需要增加配筋，也就是连梁及暗梁构件，实际连梁或暗梁为剪力墙的水平加强带。连梁的配筋信息在图纸中一般通过连梁表或与梁结构配筋图中统一注明，如图 3.3.11 所示。

图 3.3.11　连梁配筋信息

在 22G101-1 图集中关于连梁侧面钢筋有相关说明：当墙身水平分布钢筋满足连梁和暗梁侧面纵向构造钢筋的要求时，该筋配置同墙身水平分布钢筋，表中不注，施工按标准构造详图的要求即可。当墙身水平分布钢筋不满足连梁侧面纵向构造钢筋的要求时，应在表中补充注明设置的梁侧面纵筋的具体数值，纵筋沿梁高方向均匀布置；当采用平面注写方式时，梁侧面纵筋以大写字母"N"打头。

针对以上两种连梁侧面钢筋布置情况，软件会自动处理：当连梁属性中"侧面纵筋（总配筋值）"输入了侧面钢筋信息且规格与墙水平分布筋不同（图 3.3.12），侧面钢筋按属性中的钢筋信息计算；当连梁属性中"侧面纵筋（总配筋值）"未输入钢筋信息，剪力墙水分布平筋在连梁侧面拉通代替连梁侧面钢筋，两种方式剪力墙的计算结果对比如图 3.3.13 所示。

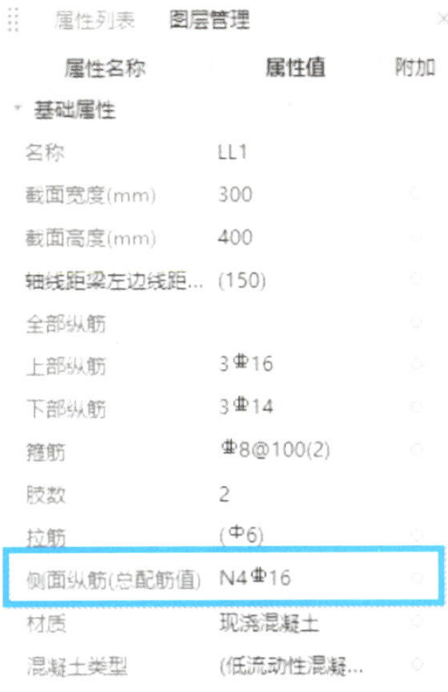

图 3.3.12　连梁侧面纵筋

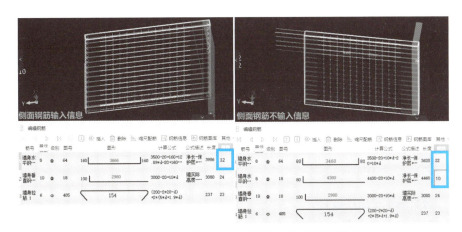

图 3.3.13　侧面钢筋是否输入钢筋信息对剪力墙钢筋影响

2. 顶层连梁软件处理

连梁配筋构造在 22G101-1 图集中第 2-27 页，区分中间层连梁及顶层连梁：中间层连梁只需要在洞口净长范围内设置箍筋；顶层连梁除洞口净长范围内需要布置箍筋外，在深入剪力墙范围内也需设置箍筋，间距为 150，如图 3.3.14 所示。

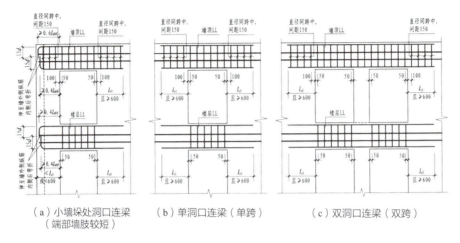

（a）小墙垛处洞口连梁　　　（b）单洞口连梁（单跨）　　　（c）双洞口连梁（双跨）
　　　（端部墙肢较短）

图 3.3.14　连梁 LL 配筋构造

软件无法自动判断是否为顶层连梁，如为顶层连梁，需手动修改"连梁"属性"钢筋业务属性"中"顶层连梁"属性值为"是"（注意此属性为私有属性），修改后，软件会计算伸入剪力墙内部的箍筋根数，连梁属性如图 3.3.15 所示。

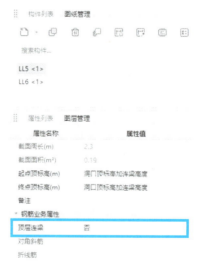

图 3.3.15　顶层连梁属性

3.4　剪力墙设置注意事项

3.4.1　剪力墙基础插筋设置

剪力墙钢筋在基础内部的钢筋构造在"计算规则"和"节点设置"中均有对应设置。

（1）"计算规则"中剪力墙基础插筋弯折长度默认为"按规范计算"，即按 22G101 图集规定进行计算：当基础高度 $h_{\mathrm{j}} \geqslant l_{\mathrm{aE}}$ 时，剪力墙插筋弯折长度为 max（6d，150）；当基础高度 $h_{\mathrm{j}} < l_{\mathrm{aE}}$ 时，插筋弯折长度为 15d。如图 3.4.1 所示。

图 3.4.1　剪力墙在基础内计算规则

（2）剪力墙构件的"节点设置"中左侧 / 右侧垂直筋基础插筋节点，软件默认纵筋伸入基础底弯折为 a（图 3.4.2），a 的取值在"计算规则"中设置（图 3.4.1），即按基础厚度分别取值。如果实际工程中弯折长度有特殊要求，例如图 3.1.4 中基础插筋弯折长度为300，可以将节点设置中左侧 / 右侧垂直筋基础插筋节点的 a 修改为 300。当节点设置与计算规则不同时，软件以节点设置优先原则，按节点设置的值计算。

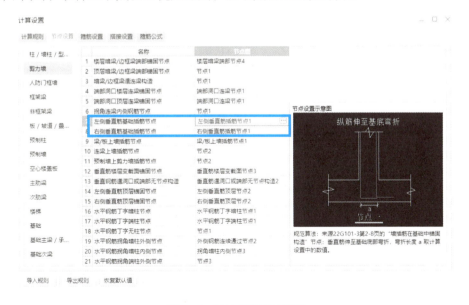

图 3.4.2　墙基础插筋节点设置

注意：剪力墙设置区分左侧 / 右侧垂直筋，软件中绘制方向的左侧为左侧钢筋，绘制方向的右侧为右侧钢筋，如果钢筋信息不同时，需在剪力墙属性中水平分布筋 / 垂直分布筋的钢筋信息用"+"号隔开，在 3.2 节中已具体讲解，此处不再赘述。

3.4.2 剪力墙中间层变截面设置

当剪力墙中间层存在变截面情况时，软件会自动按相应节点设置进行计算。剪力墙中间层变截面设置在"剪力墙"构件"节点设置"中"垂直筋楼层变截面锚固节点"，软件默认设置与22G101平法图集相同，如需修改，可以在"节点图"中选择相应节点或修改节点设置示意图中显示绿色字体的数值，如图3.4.3所示。

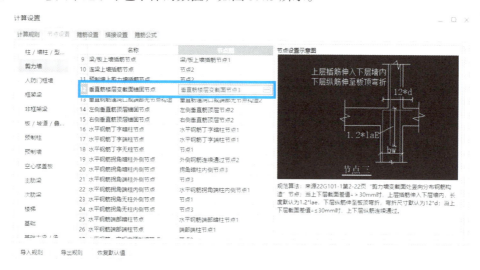

图 3.4.3 剪力墙垂直筋变截面节点设置

3.4.3 剪力墙顶层锚固设置

剪力墙顶层锚固设置在"节点设置"中左侧/右侧垂直筋顶层锚固节点（绘制方向的左侧钢筋为左侧，绘制方向的右侧钢筋为右侧），软件默认为伸入板顶弯折12d，实际图纸与默认设置不同时，可以选择近似节点，修改具体数值，如图3.4.4所示。

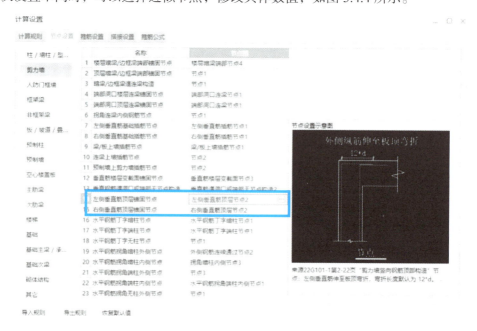

图 3.4.4 剪力墙竖向钢筋顶层锚固节点设置

3.4.4　拉筋设置

剪力墙拉结筋布置方式有两种方式，一种为梅花形布置，另一种为矩形布置。如图3.4.5所示。

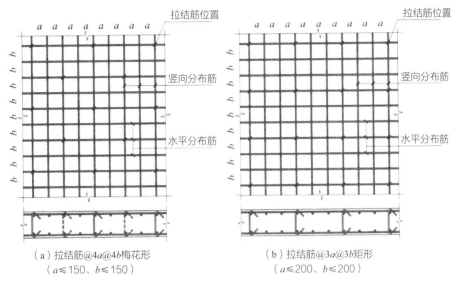

（a）拉结筋@4a@4b梅花形
（a≤150、b≤150）

（b）拉结筋@3a@3b矩形
（a≤200、b≤200）

图 3.4.5　剪力墙拉结筋排布构造详图

剪力墙拉结筋排布设置在剪力墙构件的"节点设置"中，剪力墙墙身拉筋布置构造中默认为"矩形布置"，如果实际工程为梅花形布置，可以修改节点图为"梅花布置"。如图3.4.6所示。

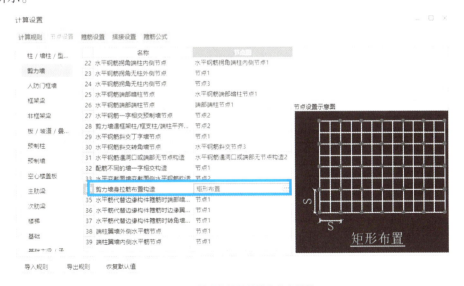

图 3.4.6　剪力墙拉结筋排布节点设置

3.5　剪力墙提量注意事项

3.5.1　暗柱与剪力墙工程量计算归属

暗柱实际是剪力墙竖向的钢筋加强带，施工时与剪力墙一起支模及混凝土浇筑，暗柱工程量也需要并入剪力墙进行计算。在软件中进行绘制时，也建议暗柱内需要绘制剪力墙（在 3.2.1 节中有具体讲解）。暗柱范围内均绘制剪力墙，在软件中查看工程量时，暗柱工程量为 0，剪力墙工程量不进行扣减。计算结果来源于"土建设置"中"计算规则"的设置，软件中"现浇砼墙体积与暗柱的扣减"默认规则为"2 墙上柱，墙与柱同厚时，墙不扣柱，否则扣柱与墙相交的体积"（部分地区可能不同）。在相关规则中，"现浇砼暗柱体积与砼墙体积扣减"默认规则为"2 墙上柱，墙与柱同厚时，柱扣减与墙相交的体积，否则柱不扣墙"，如图 3.5.1 所示。

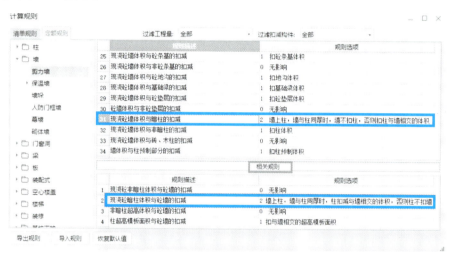

图 3.5.1   剪力墙与暗柱计算规则

此项规则表明，当柱构件属性中"结构类别"为"暗柱"（图 3.5.2）时，如果暗柱与墙同厚，体积均计算到剪力墙构件中，暗柱扣减与墙相交的体积，因此暗柱工程量为 0。此处需注意，如果柱构件"结构类别"不是暗柱，则不适用于此条规则。

图 3.5.2   柱构件结构类别

3.5.2   钢丝网提量

钢丝网片的工程量在砌体墙中查看，对于钢丝网片工程量，软件会给出外墙外侧钢丝网片总长度、外墙内侧钢丝网片总长度、内墙两侧钢丝网片总长度，除此之外还有内外部墙梁、墙柱、墙墙的钢丝网片长度及外墙外侧满挂钢丝网片面积工程量，如图 3.5.3 所示。

	工程量名称	工程量代码
8	内墙脚手架面积	NQJSJMJ
9	外墙外侧钢丝网片总长度	WQWCGSWPZCD
10	外墙内侧钢丝网片总长度	WQNCGSWPZCD
11	内墙两侧钢丝网片总长度	NQLCGSWPZCD
12	外部墙梁钢丝网片长度	WQLGSWPCD
13	外部墙柱钢丝网片长度	WQZGSWPCD
14	外部墙墙钢丝网片长度	WQQGSWPCD
15	内部墙梁钢丝网片长度	NQLGSWPCD
16	内部墙柱钢丝网片长度	NQZGSWPCD
17	内部墙墙钢丝网片长度	NQQGSWPCD
18	外墙外侧满挂钢丝网片面积	WQWCGSWPMJ
19	体积（高度3.6米以下）	TJ3.6X

代码列表　　□ 显示中间量

◉ 替换　○ 追加　　　　　确定　取消

图 3.5.3　钢丝网片工程量

如此多的工程量应该如何提取？实际上内外部墙梁、墙柱、墙墙的工程量均为过程量，如果有需要，软件会提供这些工程量，直接提取即可。实际工作中提取钢丝网片长度工程量时，只需提取内墙两侧钢丝网片总长度、外墙内侧钢丝网片总长度及外墙外侧钢丝网片总长度或外墙外侧满挂钢丝网片面积，它们与中间量的关系为：

内墙两侧钢丝网片总长度 = 内部墙梁钢丝网片长度 + 内部墙柱钢丝网片长度 + 内部墙墙钢丝网片长度

外墙内侧钢丝网片总长度 = 内部墙梁钢丝网片长度 + 内部墙柱钢丝网片长度 + 内部墙墙钢丝网片长度

外墙外侧钢丝网片总长度 = 外部墙梁钢丝网片长度 + 外部墙柱钢丝网片长度 + 外部墙墙钢丝网片长度

如果工程中外墙外侧为满挂钢丝网片，则直接提取"外墙外侧满挂钢丝网片面积"工程量即可。

钢丝网片工程量（图 3.5.3）中外墙区分内外侧，还区分内外部，软件是如何确定内侧及外侧的呢？软件中内置算法是通过一圈封闭的外墙进行判断，封闭的外墙内侧为外墙内侧，封闭外墙的外侧为外墙外侧。也就是说，钢丝网片工程量想要计算准确，需满足两个条件：第一，外面一圈墙的"内 / 外墙标识"必须为"外墙"；第二，外墙必须封闭。如果地下室部分有车库入口等无法封闭，则可以新建虚墙，将虚墙的"内 / 外墙标识"属性值修改为"外墙"，将外墙封闭，如图 3.5.4 所示。

图 3.5.4 新建虚墙

软件中如果外面一圈墙是封闭的，可以通过"判断内外墙"功能，软件会自动将外面一圈墙的属性值修改为"外墙"，软件内外墙属性也可以通过颜色区分，外墙颜色较内墙更暗一些，如图 3.5.5 所示。

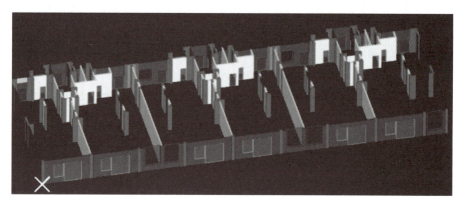

图 3.5.5 判断内外墙

查看工程量时，除了钢丝网片长度外，还提供钢丝网片面积，是通过钢丝网片长度乘以宽度得到的，软件中的钢丝网片宽度在"土建设置"的"计算设置"中，默认宽度为"300"，如实际工程钢丝网片宽度不是 300，则可以在"计算设置"中进行修改，如图 3.5.6 所示。

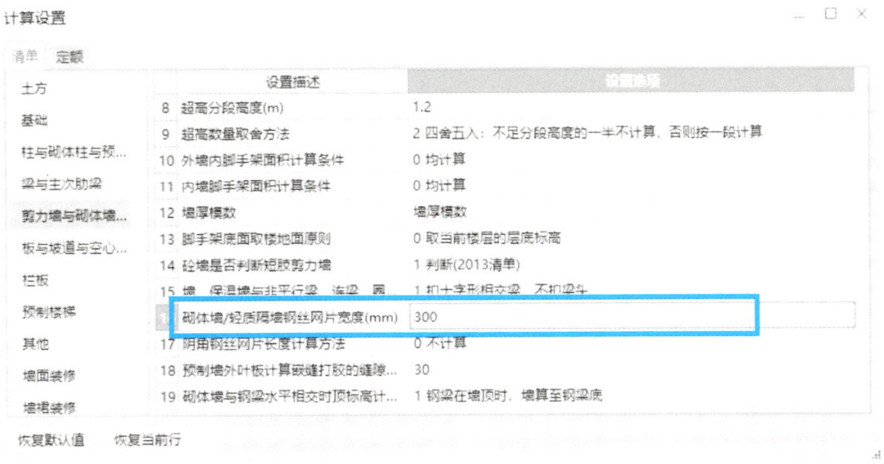

图 3.5.6　钢丝网片宽度设置

　　软件中对于二次构造的钢丝网片默认是不计算的，如果实际工程中需要计算二次构造如构造柱、圈梁、过梁等位置的钢丝网片，可以通过"土建设置"中的"计算规则"进行修改，切换到"砌体墙"构件下，找到对应钢丝网片的规则描述，例如"外部墙圈梁钢丝网片原始长度计算方法"默认为"0 不计算"，可以修改为"1 计算钢丝网片的长度"，其他位置采用相同方法修改，如图 3.5.7 所示。

图 3.5.7　钢丝网片计算规则

第4章 梁专题

4.1 梁属性解析

在实际工程图纸中，梁的信息一般会通过集中标注和原位标注的方式呈现。一般情况下，集中标注表达梁的通用数值，原位标注表达梁的特殊数值，当集中标注中的某项数值不适用于梁的某个部位时，则将该项数值原位标注，施工时，原位标注取值优先。在软件中如何输入梁信息呢？集中标注的信息在梁构件的属性列表中输入，原位标注的信息绘制完梁图元后在对应位置输入。本节会把两种标注需要注意的地方进行说明。

4.1.1 梁集中标注属性

1. 结构类型——受扭非框架梁和非框架梁如何选择？

新建矩形梁后，需要确定梁的结构类型，其中非框架梁和受扭非框架梁容易混淆，如图 4.1.1 所示。

图 4.1.1 梁属性中结构类型的选择

在 22G101-1 图集第 1-22 页中表示，当非框架梁 L 按受扭设计时，在梁代号后加"N"，如图 4.1.2 所示。

4. 当非框架梁 L 按受扭设计时，在梁代号后加"N"。

【例】LN5（3）表示第 5 号受扭非框架梁，3 跨。

图 4.1.2 受扭非框架梁

由此可知，如果在图纸中标注了 LN，在软件中就应该选择"受扭非框架梁"，那么受扭非框架梁和普通非框架梁的计算有什么区别呢？通过 22G101-1 图集呈现，受扭非框架梁和普通非框架梁在钢筋量计算上的区别主要有以下两点：

（1）纵筋锚固计算方式不同

受扭非框架梁的纵筋锚固方式：在 22G101-1 图集第 2-40 页中，说明了受扭非框架梁 LN 的纵筋构造（图 4.1.3），可总结如下：

1）受扭非框架梁 LN 的纵筋在中间支座处，上部钢筋连续通过，侧面钢筋及下部钢筋直锚 l_a；

2）受扭非框架梁 LN 的纵筋在端支座处伸入端支座长度满足 l_a 时可以直锚，不满足 l_a 时，伸至支座对边弯折 $15d$。

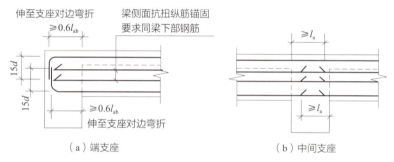

受扭非框架梁LN纵筋构造

（纵筋伸入端支座直段长度满足 l_a 时可直锚）

图 4.1.3 受扭非框架梁 LN 纵筋构造

非框架梁的纵筋锚固方式：在 22G101-1 图集第 2-40 页非框架梁配筋构造中（图 4.1.4），可以看到普通非框架梁的纵筋锚固计算方法，可总结如下：

1）上部钢筋伸入端支座直段长度满足 l_a 时，可直锚；不满足 l_a 时，伸至支座对边弯折 $15d$。

2）下部钢筋满足 $12d$ 时，直锚 $12d$；不满足直锚 $12d$ 要求时有两种方式，一种伸至对边后弯折 $135°$，平直段 $5d$；另一种伸至对边后 $90°$ 弯折，弯折长度 $12d$。

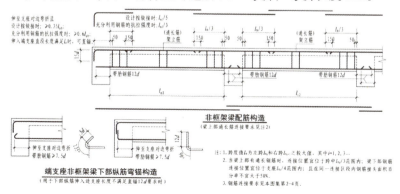

图 4.1.4 非框架梁配筋构造

（2）箍筋弯钩平直段长度不同

非框架梁以及不考虑地震作用的悬挑梁，箍筋及拉筋弯钩平直段长度可为5d；当其受扭时，应为10d，如图4.1.5所示。

拉筋同时勾住纵筋和箍筋　　拉筋紧靠纵向钢筋并勾住箍筋　　拉筋紧靠箍筋并勾住纵筋

封闭箍筋及拉筋弯钩构造

注：1. 非框架梁以及不考虑地震作用的悬挑梁，箍筋及拉筋弯钩平直段长度可为5d；当其受扭时，应为10d。
2. 本图中拉筋弯钩构造做法采用何种形式由设计指定。

图 4.1.5　封闭箍筋及拉筋弯钩构造

2. 结构类型——基础联系梁

在梁的结构类型中有"基础联系梁"，很多造价人员不知道什么情况下选择，基础联系梁和基础梁又有什么样的区别。下面为大家进行解答，首先在平法图集中找到关于基础联系梁的内容，如图4.1.6所示。

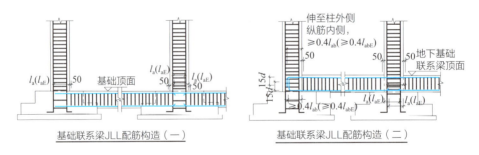

基础联系梁JLL配筋构造（一）　　　　基础联系梁JLL配筋构造（二）

图 4.1.6　基础联系梁配筋构造

在《混凝土结构施工图平面整体表示方法制图规则和构造详图（独立基础、条形基础、筏形基础、桩基础）》22G101-3（以下简称22G101-3图集）中给出了基础联系梁的两种构造形式：构造（一）中，基础联系梁连接的是基础，基础联系梁钢筋锚固长度从伸入基础开始计算；构造（二）中，基础联系梁连接的是基础上的柱子，钢筋从伸入柱开始计算。无论哪种构造，可以看到基础联系梁大多数情况下是"不落地"的，它只是起到连接作用的一种梁，而基础梁是"落地"的，基础梁受到基础的支撑，是基础的一部分，在基础章节会进行阐述。

关于梁结构类型该如何选择，可以参照如下示意图（图4.1.7）。但是考虑到工程存在特殊性，还是要根据实际工程情况选择，梁类型选择准确是工程量计算准确的前提。

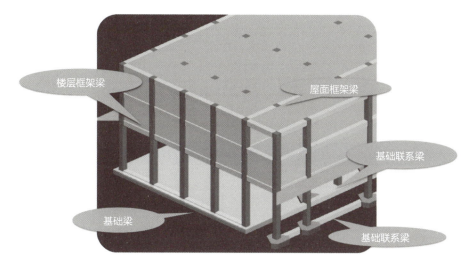

图 4.1.7　梁类型的选择

4.1.2　梁原位标注属性

梁原位标注一般包含梁支座上部纵筋、梁下部纵筋、局部不同于集中标注的内容（截面尺寸、箍筋、架立筋等）、附加箍筋或吊筋等，如图 4.1.8 所示。

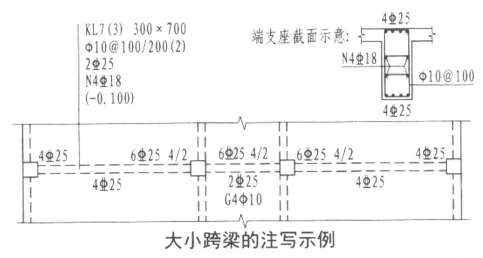

图 4.1.8　梁标注示意图

在软件中，原位标注采用"抄图"的方式，也就是说把图纸在各个位置标注的内容抄写到软件中对应位置即可，如图 4.1.9 所示。

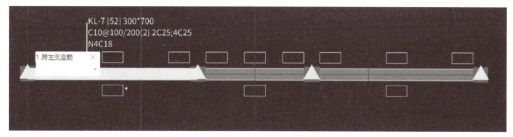

图 4.1.9　梁原位标注输入

4.2 梁建模技巧

4.2.1 梁绘制技巧

1. 梁建模方式简述

梁构件常用建模方式如表4.2.1所示。

梁常用建模方式   表4.2.1

绘制方式	适用情况	绘制方法
直线	直形梁	启动"直线"绘制命令后→点击起始点→点击终点，两点确定一条直线
弧线	弧形梁	三点弧：知道弧形梁的意三个点，依次点击绘制即可 两点弧：知道弧线梁上的两个点以及弧形的半径，可以选择画大弧和小弧 起点圆心终点弧：依次点击弧形梁的起点、圆心、终点即可
智能布置	有规律的布置	按照轴线
识别梁	CAD图纸完善	启动"识别梁"命令后，按照弹出的对话框中的顺序：提取梁边线→提取梁标注→识别梁→编辑支座→识别原位标注，依次进行操作

2. 框架梁和剪力墙的位置关系

建模的时候，造价人员经常会问到框架梁到底应该绘制到剪力墙哪里？有暗柱和无暗柱的情况，绘制方式是否一致？下面把造价人员的困惑点通过图4.2.1展示出来，左侧是剪力墙和暗柱，中间是一道框架梁，右侧是剪力墙，对于左侧有暗柱的情况应该绘制到柱边（1点）、柱中心（2点）还是柱对边（3点）？对于右侧无暗柱的情况，应该绘制到墙边（4点）还是墙上（5点）？

图4.2.1   框架梁和剪力墙的位置关系

对于上述问题，在22G101平法图集的工程中做一下测试，先看左侧绘制到不同的位置计算结果是否一致：

左侧绘制到1点处，如图4.2.2所示。

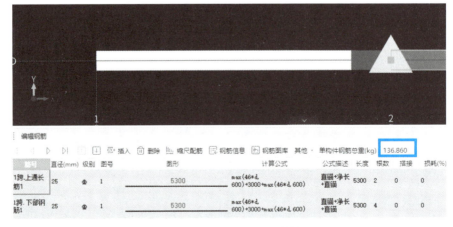

图4.2.2   框架梁绘制到暗柱边计算结果

左侧绘制到 2 点处, 如图 4.2.3 所示。

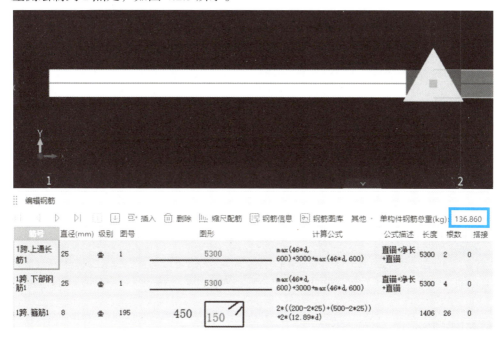

图 4.2.3 框架梁绘制到暗柱中心计算结果

左侧绘制到 3 点处, 如图 4.2.4 所示。

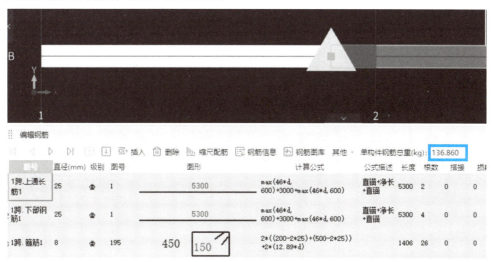

图 4.2.4 框架梁绘制到暗柱对边计算结果

通过上述测试, 在 22G101 平法图集规则的情况下, 有暗柱的时候, 框架梁绘制到暗柱边、暗柱中心、暗柱对边钢筋计算结果是相同的, 所以三种绘制方法都可以, 但是一定要注意前提: 暗柱的位置是有剪力墙的。再看一下右侧绘制到不同位置对应的计算结果。

右侧绘制到 4 点处, 如图 4.2.5 所示。

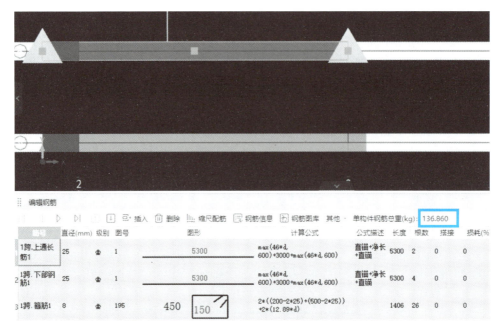

图 4.2.5　框架梁绘制到剪力墙边计算结果

右侧绘制到 5 点处，如图 4.2.6 所示。

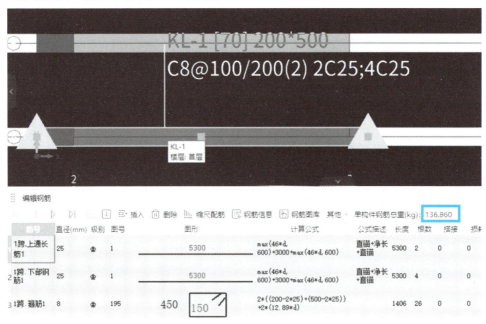

图 4.2.6　框架梁绘制到剪力墙上计算结果

　　通过上述测试，在 22G101 平法图集规则的情况下，无暗柱的时候，框架梁绘制到剪力墙边、剪力墙上钢筋计算结果是相同的，所以两种绘制方法都可以。

　　为何几种绘制方法计算结果一致呢？首先暗柱并不是单独的一个构件，它属于剪力墙的一部分，是剪力墙的钢筋加强带，所以有无暗柱不影响剪力墙作为框架梁的支座。另外，再看 22G101 平法图集中框架梁以剪力墙为支座的钢筋设置要求，如图 4.2.7 所示。

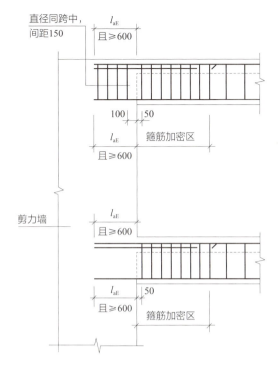

框架梁（KL、WKL）与剪力墙平面内相交构造

加密区：抗震等级为一级：≥2.0h_b，且≥500mm
　　　　抗震等级为二～四级：≥1.5h_b，且≥500mm

图 4.2.7　框架梁与剪力墙平面内相交构造

　　所以无论画到什么位置，都应该按照平法图集中给出的构造方式计算，而且在土建计量 GTJ 中，当框架梁与剪力墙连接时默认会以剪力墙为支座，如图 4.2.8 所示。

图 4.2.8　框架梁以平行相交的墙为支座计算设置

　　3. 重提梁跨、刷新支座尺寸的区别及应用场景

　　当框架梁进行原位标注变成绿色显示时，已经完成了梁支座和梁跨数的确定，如果后续支座发生变化，或者做了梁延伸、梁打断等操作，这时需要重新判断支座关系和跨数，此时可以使用梁二次编辑中的"重提梁跨"和"刷新支座尺寸"的功能。在土建计量 GTJ 中两者对于跨数量的重新判断、支座尺寸的重新判断都是可以起作用的，两者的主要区别在于"重提梁跨"只能对单个梁进行操作，"刷新支座尺寸"可以对多个梁批量操作，如表 4.2.2 所示。

重提梁跨和刷新支座尺寸的应用　　　　　　　　　　表 4.2.2

功能名称	含义	作用对象	应用场景
重提梁跨	提取单个梁的梁跨信息	单个梁	1. 调整了支座的尺寸，比如作为支座的柱尺寸发生了变化
刷新支座尺寸	更新梁图元支座信息	单个或多个梁	2. 梁复制到其他楼层后，其他楼层的支座尺寸和源楼层不一致 3. 梁做了"延伸"或者"打断"需要重新判断跨数和支座

4. 次梁加筋和吊筋的几种设置方法及应用场景

次梁加筋和吊筋是常见的梁钢筋，在土建计量 GTJ 中一般有以下四种布置方式：生成吊筋、识别吊筋、计算设置输入、原位标注输入。这四种方式分别适用什么场景？如果同时选择了多种方式，会不会重复计算？下面为大家进行答疑解惑。

（1）生成吊筋：是指批量布置吊筋和次梁加筋，不依赖 CAD 图纸，完全根据绘制的模型，在符合生成条件的位置，布置上吊筋和次梁加筋。可以在主次梁相交处主梁上生成，也可以在同截面相交的次梁处、两个次梁上均生成。可以选择局部位置或者整个楼层批量生成。如图 4.2.9 所示。

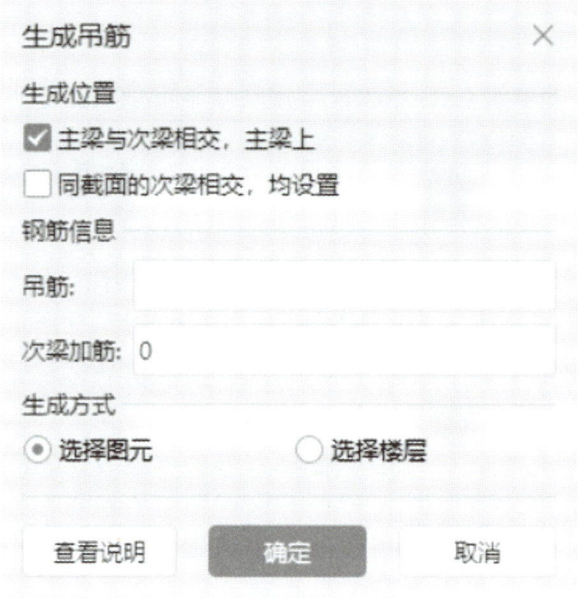

图 4.2.9　生成吊筋

使用"生成吊筋"功能需要注意以下几点：

1）梁和梁相交处有柱或墙时，不生成吊筋和次梁加筋。

2）未提取梁跨的梁不布置吊筋和次梁加筋。

3）主梁是指梁相交处作为支座的梁，次梁是指相交处不为支座的梁。

4）次梁加筋输入值是次梁两侧总共的数量，初始信息取自计算设置。

（2）识别吊筋：根据 CAD 图中的吊筋和次梁加筋的标注识别吊筋与次梁加筋，有的工程会在图纸中注明吊筋和次梁加筋的位置，此时可以使用识别吊筋的功能，提取吊筋和次梁加筋的钢筋线和标注，然后在对应位置生成吊筋和次梁加筋。

（3）计算设置输入：有的工程在图纸总说明中会有次梁两侧附加箍筋的布置要求，如图 4.2.10 所示。

10.2.1 图中未特别注明者，次梁钢筋应置于主梁钢筋之上，相交处附加箍筋每边各三根 @50，箍筋直径同主梁，支座上部纵向钢筋的延伸长度，第一排筋为1/3梁跨(梁净跨)，第二排筋为1/4 梁跨(梁净跨)。

图 4.2.10　结构说明中关于附加箍筋的要求

此种情况可以在计算设置中统一输入（图 4.2.11），需要注意这种方式只能设置次梁加筋，无法处理吊筋。

计算设置

计算规则　节点设置　箍筋设置　搭接设置　箍筋公式

柱 / 墙柱 / 型...
剪力墙
人防门框墙
连梁
框架梁
非框架梁
板 / 坡道
叠合板(整厚)

	类型名称	
22	− 侧面钢筋/吊筋	
23	侧面构造筋的锚固长度	15*d
24	侧面构造筋的搭接长度	15*d
25	梁侧面原位标注筋做法	遇支座断开
26	侧面通长筋遇支座做法	遇支座连续通过
27	吊筋锚固长度	20*d
28	吊筋弯折角度	按规范计算
29	− 箍筋/拉筋	
30	次梁两侧共增加箍筋数量	6
31	起始箍筋距支座边的距离	50

图 4.2.11　计算设置中输入次梁加筋

但是在实际工程中，经常遇到在总说明中做了标注，又在平面图上绘制了次梁加筋的情况。如果在计算设置中输入次梁加筋数量，同时又在建模时识别了次梁加筋，会不会重复计算呢？无须担心，相同位置不会重复计算次梁加筋的量。

（4）原位标注输入：还有一种相对较慢的输入方式，就是在原位标注中进行输入（图 4.2.12），此种方式适用于局部设置，或者有的工程不符合生成条件，但是根据实际工程需要增加附加箍筋或者吊筋的情况。

梁平法表格

复制跨数据　粘贴跨数据　输入当前列数据　删除当前列数据　页面设置　调换起始跨　悬臂钢筋代号

	位置	名称	跨号	拉筋	箍筋	肢数	次梁宽度	次梁加筋	吊筋	吊筋锚固
1	<1,B;4,B>	KL-1	1		⌀8@100/ 2		200	6	2⌀12	20*d
2			2		⌀8@100/ 2		200	6	2⌀12	20*d
3			3		⌀8@100/ 2		200	6	2⌀12	20*d

图 4.2.12　在原位标注中输入次梁加筋和吊筋

4.2.2　梁识别技巧

1. *XY* 方向梁

有的工程图纸中，因为梁数量多，标注多，为了避免不同方向的梁标注位置重叠或互相干扰，会采用分开绘制 *X* 方向梁和 *Y* 方向梁的方式，但是两个方向的梁之间可能存在支座关系，如果分两次识别，会出现支座不对的情况，识别过来的梁会存在很多错误，也会有很多梁识别不出来，此时需要想办法把两个方向的梁图一起识别，因为两张图纸在 CAD

图中是平面并列位置关系，但是在实际建模时两者是立体交互在一起的，所以要把两张图相同点进行重叠，具体操作可以分成三部分：分割图纸—解锁图纸—移动图纸。

（1）分割图纸：如果按照常规图纸进行自动分割，往往会把两张图纸分成不同图层，后期无法合并，所以可以采用"手动分割"的方式把两张梁图分割在一起，如图 4.2.13 所示。

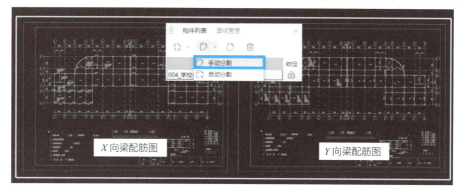

图 4.2.13　手动分割 XY 方向梁

（2）解锁图纸：在算量软件中打开分割后的图纸，两个方向的梁同时存在，但是位置关系不对，如何让两张图重叠在一起呢？此时大家可能会想到"定位图纸"功能，但是这个功能的作用是把 CAD 图纸定位到已经识别好的构件或者轴网上，定位的时候整个 CAD 图纸是一起定位的，也就是 CAD 图纸之间的位置关系是不变的，无法把两张图纸进行重合，所以要使用"移动"功能把 Y 方向的梁移动到 X 方向梁对应位置，此时需要选中移动的那部分 CAD 图。软件中，为了防止误操作，CAD 图纸默认是锁定状态，首先要对这张图纸解锁，才能选择 CAD 内容，点击对应需要解锁图纸后面的锁定按钮，显示开锁状态即表示图纸已解锁，如图 4.2.14 所示。

图 4.2.14　解锁图纸

（3）移动图纸：图纸解锁后，就可以选中需要移动的图纸，点击"移动"功能，选择一个基准点，把选中部分移动到对应位置，就可以正常识别梁了，如图 4.2.15 所示。

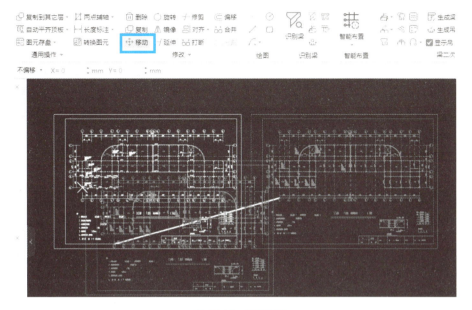

图 4.2.15 移动图纸

2. CAD 识别选项

（1）梁端距柱、墙、梁范围内延伸：有的图纸在进行梁识别时，梁是断开的，无法伸入支座中，如果把图纸放大会发现梁边线在绘制时没有画到支座上（图 4.2.16），此时软件会自动测算一下距离支座的距离，默认当这个距离在 200mm 内时会自动把识别的梁伸到支座，如果这个距离超过 200mm，软件则不延伸。如果超过 200mm 也需要延伸的话，可以调整"CAD 识别选项"（图 4.2.17），大家可能会疑惑：那么把这个值调整的特别大是不是就可以避免？如果调整得过大，可能本身不需要延伸的也会延伸，反而带来更多错误，所以这个值根据图纸情况不宜过大。另外需要特别注意的是，如果已经识别完成了，再去调整"CAD 识别选项"就不起作用了，需要在识别前调整好。

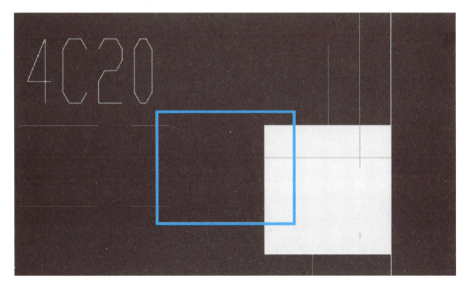

图 4.2.16 梁边线未绘制到支座

图 4.2.17　梁 CAD 识别选项

（2）梁代号：在识别梁时会发现，软件会根据梁的名称分别识别出框架梁、非框架梁、屋面框架梁等，那么软件是如何判断梁类型的？其实是根据 CAD 识别选项（图 4.2.17），软件已经按照平法图集的命名做了内置，此时如果遇到一些不标准的标注，比如"DL"，可能会被称为"地梁"，但是平法图集中是没有地梁类型的，需要根据经验和图纸判断它表示的哪一种梁，然后把对应的代号输入 CAD 识别选项中，就可以正常识别了。

3. 补画 CAD 线

有时会遇到 CAD 线缺失的情况，导致无法正常识别，比如梁边线缺失，导致梁无法正常识别，如图 4.2.18 所示。

图 4.2.18　梁边线缺失

如果遇到这种情况，可以使用"补画 CAD 线"，选择需要补画的类型，比如梁边线，然后进行补画就可以了，如图 4.2.19 所示。

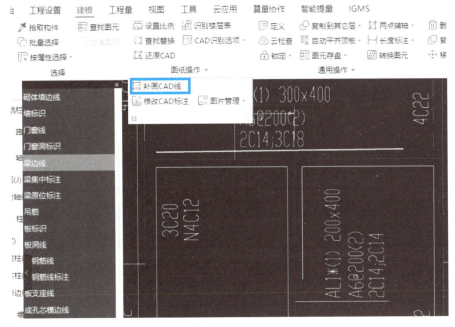

图 4.2.19　补画 CAD 线

4.3　梁特殊构造处理

4.3.1　高强节点

在现浇混凝土框架结构高层建筑中，通常遵循"强（柱、墙）弱（梁）""强剪弱弯""强节点、强锚固"的设计原则，所以墙柱混凝土强度等级一般高于梁板，且随着建筑高度的增加，两者的设计强度差距越来越大。节点混凝土施行"先高后低"的原则，即先浇筑梁柱节点区混凝土，在节点区混凝土初凝前浇筑梁板混凝土，两种不同强度的混凝土划分界线一般会在图纸中进行说明，如图 4.3.1 所示。

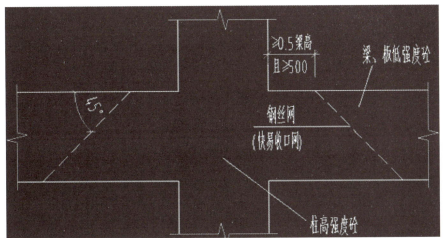

图 4.3.1　高强节点示意图

　　根据结构总说明中的节点图，需要区分每一道梁、每一块板节点部分体积与非节点部分体积。比如一道梁需要计算出梁砼 1 和梁砼 2 部分的体积，如图 4.3.2 所示。

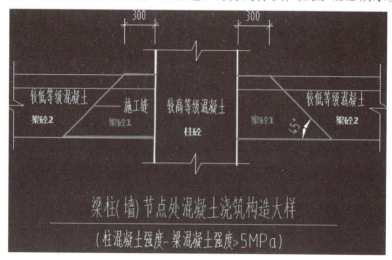

图 4.3.2　梁柱节点处工程量划分示意图

　　如果遇到这种节点，在软件中可以使用梁二次编辑中的"生成高强节点"功能（图 4.3.3），点击启动"生成高强节点"功能后，会弹出操作对话框（图 4.3.4），根据图纸要求在对话框中进行参数设置。

图 4.3.3　生成高强节点

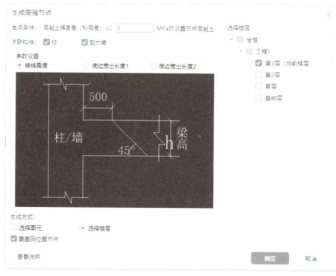

图 4.3.4　高强节点参数设置

生成高强节点时，需要注意以下几点：

（1）生成条件：可根据项目情况填写生成节点混凝土的最小混凝土强度差值（强度等级差），系统默认是 5。

（2）关联构件：可单选，也可多选，选择需要与梁关联生成高强节点的构件类型。如果工程仅需要梁和柱生成高强节点，就勾选柱；如果工程需要梁和柱、梁和剪力墙均生成高强节点，就勾选柱和剪力墙。

（3）参数设置：

1）混凝土强度等级差支持输入［0，100］之间的整数，例如输入 5 时，如果梁为 C30，那么柱 / 墙为 C35 及以上时均计算高强节点。

2）节点顶宽输入格式：

①［0，5000］之间的整数，例如 500；

②［0，5000］之间的数值 $\times h$，h 为梁高，例如 $0.5h$；

③输入函数 max 或 min，例如 max（500，$0.5h$）。

3）节点底宽输入格式：

①坡线角度支持输入［0，90］之间的角度；

②底边宽出长度支持输入［0，5000］之间的整数或［0，5000］之间的数值 $\times h$，h 为梁高，例如 $0.5h$。

高强节点生成后，默认通过不同颜色显示出来（图 4.3.5），如果不想显示，可以把"显示高强节点"前的勾选去掉。

图 4.3.5　显示高强节点

对已经生成高强节点的梁，以及相关联构件柱或剪力墙，进行修改标高、修改混凝土编号、修改截面尺寸均会引起节点的联动，根据修改操作后的结果，自动调整节点体积和位置；通用操作、修改、二次编辑中的影响节点体积的命令，操作后，系统也会根据修改操作后的结果，自动调整节点体积和位置。注意：若手动删除了一道梁的所有节点，则再对梁进行任何联动操作，系统不会主动生成节点。若没有完全删除一道梁的所有节点，则对梁进行任何联动操作，系统均会自动重新生成节点，确保节点数据的准确。

设置完成后，节点的工程量可以在"查看计算式""查看工程量""报表"中进行体现，如图4.3.6～图4.3.8所示。

图4.3.6　查看计算式—高强节点

图4.3.7　查看工程量—高强节点

图4.3.8　高强节点混凝土工程量汇总表

4.3.2　梁加腋处理

梁加腋有水平加腋和竖向加腋两种。水平加腋（图4.3.9）是为了保证梁柱中心线不能重合时，减小梁偏心对梁柱节点核心区的不利影响，梁竖向加腋又叫梁的支托（图4.3.9），一般情况下是为了不影响建筑净空高度，但又必须满足抗剪要求时设置。在软件中梁的竖向加腋与水平加腋应如何设置？

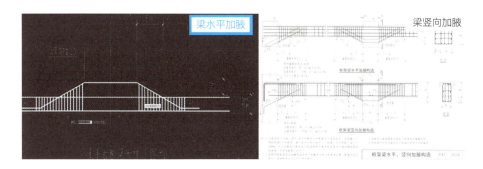

图 4.3.9 梁水平加腋、竖向加腋示意图

1. 竖向加腋

在梁的原位标注中可直接输入加腋钢筋和尺寸，对应位置会实时显示加腋，如图 4.3.10 所示。

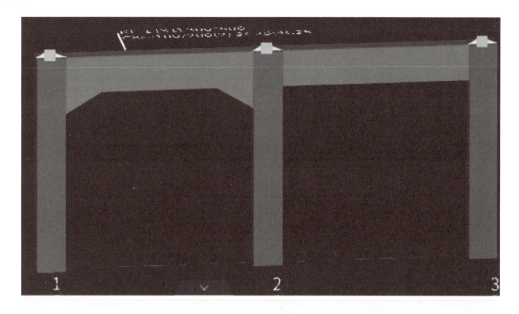

图 4.3.10 梁竖向加腋设置

2. 水平加腋

在梁构件的二次编辑中有"生成梁加腋"功能。使用此功能设置的即为梁的水平加腋，此外还可以"查看梁加腋""删除梁加腋"，如图 4.3.11 所示。

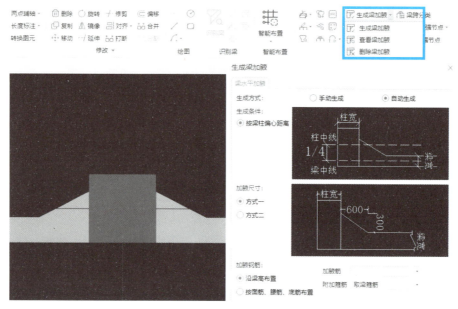

图 4.3.11　生成梁水平加腋

4.3.3　悬挑梁设置

在计算悬挑梁时，一方面要考虑悬挑钢筋，另一方面要注意是否出现渐变截面（图 4.3.12），悬挑端的钢筋会自动根据节点设置中选择好的图号计算，如图 4.3.13 所示。

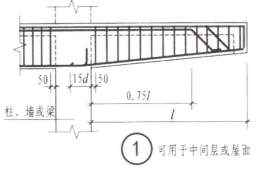

① 可用于中间层或屋面

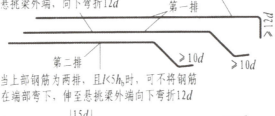

图 4.3.12　悬挑梁配筋构造

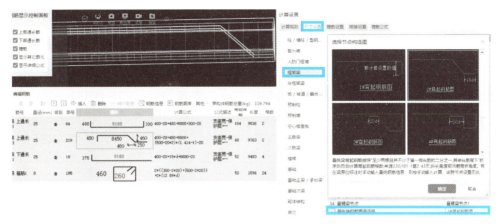

图 4.3.13　悬挑钢筋计算

如果悬挑端出现渐变截面，可以在原位标注中输入，比如悬挑端高度由 500 渐变为 200，则在原位标注"截面"中输入"宽度 *500/200"，如图 4.3.14 所示。

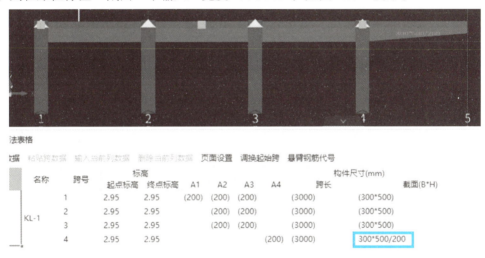

图 4.3.14　悬挑端渐变截面输入

按照截面形状，箍筋应该是渐变大小，软件的处理方式是按照中间值进行计算，如图 4.3.15 所示。

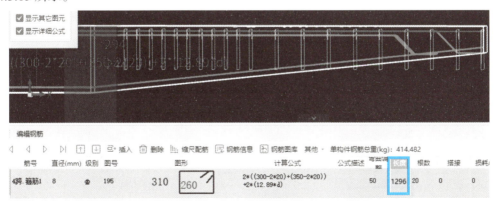

图 4.3.15　悬挑端变截面箍筋计算

4.4　梁提量注意事项

4.4.1　梁垫铁提量

当梁的钢筋设置多排时，为了满足间距要求（图 4.4.1），有时候会在多层钢筋之间增加垫铁，垫铁的直径取 25mm 和 d 的较大值，这部分垫铁的计算已经在软件中做了内置，可以根据工程需要调整默认的计算设置，如图 4.4.2 所示。

> 3　梁上部钢筋水平方向的净间距不应小于 30mm 和 1.5d；梁下部钢筋水平方向的净间距不应小于 25mm 和 d。当下部钢筋多于2层时，2 层以上钢筋水平方向的中距应比下面2层的中距增大一倍；<u>各层钢筋之间的净间距不应小于 25mm 和 d，d 为钢筋的最大直径。</u>

图 4.4.1　梁多层钢筋之间间距的要求

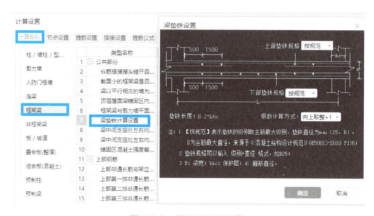

图 4.4.2　梁垫铁计算设置

需要注意的是，梁垫铁属于措施筋，在查看报表时，可以通过"设置报表范围"选择是否统计措施筋。在软件中默认的措施筋有梁垫铁和板的马凳筋。如果需要单独统计措施筋工程量，可以在报表列表中选择"措施筋统计汇总表"，如图 4.4.3 所示。

图 4.4.3　报表提量—措施筋

4.4.2　梁跨分类提量

同一道梁，钢筋需要按照整体计算，但体积要分段提量，比如拆分成有梁板与单梁统计，应该如何处理？如图 4.4.4 所示。

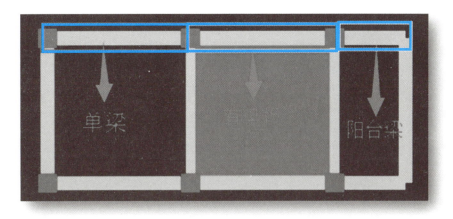

图 4.4.4　梁分段提量示意图

正常绘制完梁后，使用梁二次编辑中的"梁跨分类"功能，选择需要调整的跨，可以连续多选，选择完成后单击鼠标右键，在弹出的对话框中调整为需要的类别即可，如图 4.4.5 所示。

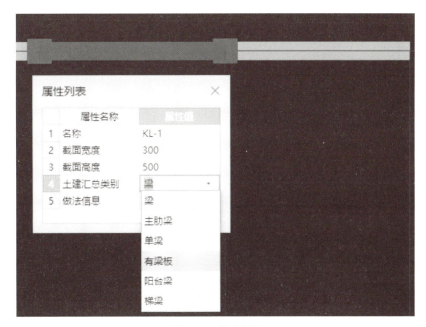

图 4.4.5　梁跨分类

设置"梁跨分类"的跨会变成网格样式以作提醒，在查看工程量时可以把这道梁分跨计算，如图 4.4.6 所示。

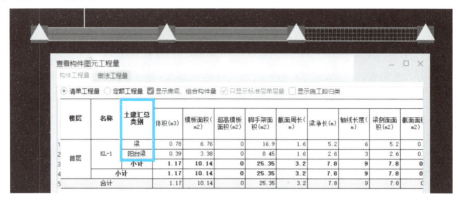

图 4.4.6　梁跨分类提量

第5章　板专题

5.1　板属性解析

在实际工程图纸中，板的信息主要包括板集中标注和板支座原位标注。一般情况下，集中标注主要体现板的基本共性信息，这些信息在板的大部分区域或者整个板中都适用，例如板厚，一旦在集中标注中确定了板厚，意味着在没有特殊原位标注的情况下，该板的大部分区域都采用这个厚度。它就像是给整个板设定了一个基本的模板属性，包括贯通纵筋的配置也是在整个板或者较大区域范围内的钢筋布置方式。原位标注侧重于体现板的局部特殊信息，这些信息是对集中标注内容的补充或者修正。比如板支座负筋，它只出现在板的支座位置，用于抵抗支座处的负弯矩，这是一种局部受力需求导致的特殊钢筋配置，和集中标注中贯通纵筋等普遍分布的钢筋有所不同。还有板的局部加厚情况，只是在板的某些特定区域，如设备基础、有特殊承载要求的地方才会出现。在没有原位标注的情况下，施工人员按照集中标注的内容进行施工。当原位标注出现时，原位标注的内容优先于集中标注。在土建计量 GTJ 软件中，板集中标注的名称、厚度信息是在板的属性列表中输入，钢筋信息一般是在板受力筋中输入后布置，板支座筋原位标注的信息则是在板负筋中设置。本节会把板属性的相关内容逐一说明。

5.1.1　板属性

本小节主要讲解在土建计量 GTJ 软件中板构件属性的常见问题及处理思路。

1. 板与板受力筋的关系

板可以看作板受力筋的容器，板的属性信息与绘制的形状、位置、大小决定了板内钢筋的布置范围，即决定了板钢筋的工程量；板受力筋的属性与布置方式决定了板钢筋"如何计算"。板内钢筋除了受力筋、支座筋外，部分图纸中还要求包含用于支撑作用的马凳筋。在软件中新建现浇板时，马凳筋的信息可在钢筋业务属性中输入，后面章节将会展开讲解。

2. 板属性中板的类别如何区分？

新建现浇板时，板的类别分为很多种，如图 5.1.1 所示，板的不同类别主要影响计量结果及定额子目的选择。

图 5.1.1　板的类别

　　有梁板与平板如何区分，主要看板的支座情况。如图 5.1.2 所示，上方两轴范围内为有梁板，以柱为支座的梁是主梁，不以柱为支座的是次梁，可以简单地理解为有次梁的板才叫有梁板。计算工程量时，有梁板（包括主、次梁与板）按梁、板体积之和计算，套用"有梁板"子目；如图 5.1.2 所示，右下方板无不以柱为支座的梁为平板，套用"平板"子目。

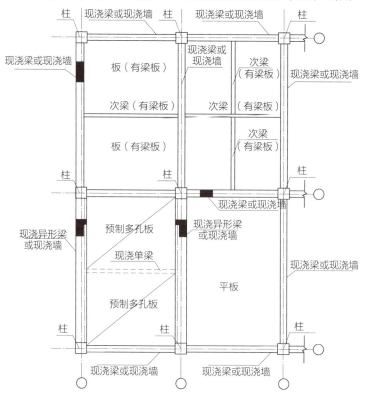

图 5.1.2　梁板区分示意图

无梁板是指直接由柱帽支撑的板，其没有梁作为支撑结构。柱帽的主要作用是扩大柱子与楼板的接触面积，将板上的荷载更均匀地传递给柱子，减少柱子对板的冲切力，其构造如图 5.1.3 所示。

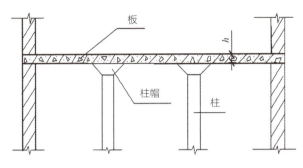

图 5.1.3 无梁板示意图

板类别中的其他类型：拱板、薄壳板、密肋板、空心板、空调板，用于定额区分。

3. 板属性列表中"是否叠合板后浇"（图 5.1.4）是与否的区别

图 5.1.4 是否叠合板后浇

该属性主要用于装配式工程中，当"是否叠合板后浇"选择为"是"时，则会在"查看工程量"表中单独出叠合板的量，选择"否"时，则不会单独出叠合板的量。单独出的叠合板的工程量包含叠合板后浇体积、模板面积，可以与现浇板工程量区分开来。

4. 板属性列表中"是否是楼板"（图 5.1.5）对计算结果的影响有哪些？

图 5.1.5   是否是楼板

"是否是楼板"主要与是否计算超高模板、超高体积起点的判断有关，当该属性选择"是"时，则表示其他构件（柱、墙、梁、板等）可以向下找到该板构件作为超高计算判断依据；当该属性选择为"否"时，则超高计算判断与该板无关。正常的楼层板选"是"；若为挑檐板、阳台板，选"否"即可。

5. 板的马凳筋应当如何设置？几种形式中应当选择哪一种？

要正确设置马凳筋，首先了解什么是马凳筋，因形似马镫，故名马凳筋，也称为支撑钢筋或铁马，属于措施钢筋的一种，主要用于上下两层板钢筋中间，起到固定上层板钢筋的作用，防止板面钢筋凹陷。马凳筋的布置要符合够用适度的原则，既能满足要求，又要节约资源。马凳筋的类型有几字形、一字形等。马凳筋一般在图纸上不单独注明，会由技术员根据现场实际情况在施工组织设计中详细标明其规格、长度和间距，通常马凳筋的规格比板受力筋小一个级别。某些地区定额对马凳筋的计算有明确规定，例如《山东省建筑工程消耗量定额》（2016 年版）第五章钢筋及混凝土工程关于马凳筋的说明：①现场布置是通长设置按设计图纸规定或已审批的施工方案计算。②设计无规定时现场马凳布置方式是其他形式的，马凳的材料应比底板钢筋降低一个规格（若底板钢筋规格不同时，按其中规格大的钢筋降低一个规格计算），长度按底板厚度的 2 倍加 200mm 计算，按 1 个 /m² 计入马凳筋工程量。一般情况下，如果施工组织设计中没有对马凳筋作出明确和详细的说明可先按定额计算规则计算，后期再根据实际情况计算。

马凳筋的类型：

（1）几字形马凳筋：形状类似于"几"字形。如图 5.1.6 所示。

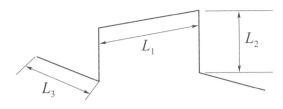

图 5.1.6　几字形马凳筋

几字形马凳筋在土建计量 GTJ 软件中的设置：通过"新建现浇板"，在板的属性中"钢筋业务属性"中"马凳筋参数图"选择马凳筋图形，录入马凳筋尺寸及钢筋信息，如图 5.1.7 所示。

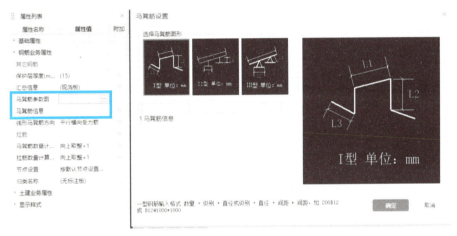

图 5.1.7　几字形马凳筋设置

几字形马凳筋长度 $=L_1+L_2 \times 2+L_3 \times 2$，其根数可按板净面积计算，双层双向板马凳筋根数＝板净面积 /（间距 × 间距）+1，布置形式如图 5.1.8 所示。

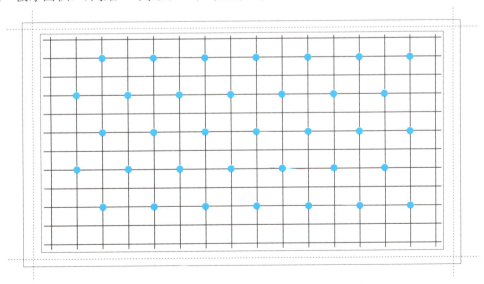

图 5.1.8　几字形马凳筋根数计算

负筋的马凳筋的根数，与其布置的排数、负筋布置的长度有关，负筋马凳筋根数 = 排

数 × 负筋布筋长度 / 间距 +1。

几字形马凳筋的排列方式可按矩形布置，也可按梅花布置，一般为矩形布置。几字形马凳若采用梅花布置，用量为矩形布置的一倍。软件中马凳筋的配置方式，通过"计算设置"→"节点设置"→"板 / 坡道 / 叠合板"→"板马凳筋布置方式"→"板马凳筋配置方式"设置，如图 5.1.9 所示。

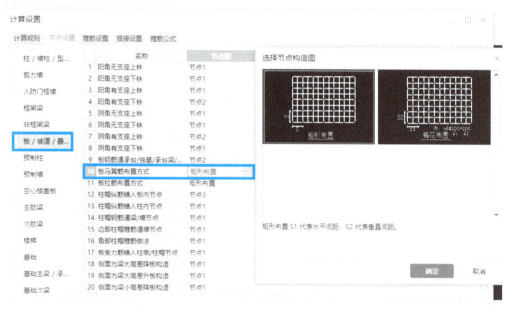

图 5.1.9 板马凳筋布置方式设置

（2）一字形马凳筋的布置方式，按照设计间距布置竖向的钢筋，在竖向筋上面焊接直条钢筋，板的面筋摆放在焊接的直条钢筋上。常见一字形马凳筋形式如图 5.1.10 所示。

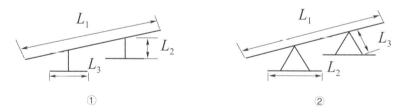

图 5.1.10 一字形马凳筋

一字形马凳筋的长度计算，同样是组成马凳的各段长度的总长度，如图 5.1.10 所示，①类型的一字形马凳筋长度 $=L_1+L_2 \times 2+L_3 \times 2$，②类型的一字形马凳钢筋长度 $=L_1+L_2 \times 2+L_3 \times 4$。

一字形马凳筋在土建计量 GTJ 软件中的设置同几字形马凳：软件中选择"新建现浇板"，在板的属性中"钢筋业务属性"中"马凳筋参数图"选择马凳筋图形，录入马凳筋尺寸及钢筋信息。

一字形马凳筋通常首尾相接排成一字，按照一定间距布置，因此统计一字形马凳筋的根数时，需要考虑每排布置的马凳筋个数以及布置的排数，一字形马凳筋根数 = 排数 × 每排个数，如图 5.1.11 所示。

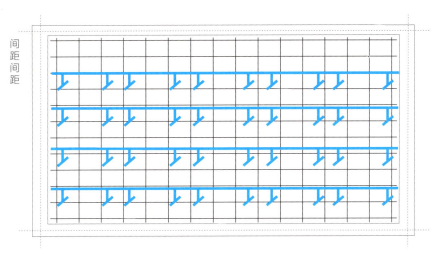

图 5.1.11　一字形马凳筋根数

需要注意的是，一字形马凳筋的布置方向对工程量有一定影响，可在板的属性中"钢筋业务属性"中"线形马凳筋方向"中调整设置。

6. 工程中的板带在软件中如何处理？

可以利用板构件中的楼层板带，建立对应的柱上板带和跨中板带处理，通过智能布置的方式快速绘制，如图 5.1.12、图 5.1.13 所示。

图 5.1.12　新建板带

图 5.1.13　智能布置板带

5.1.2　板受力筋属性

本小节讲解板受力筋构件常见问题及处理思路。

1. 板受力筋基础属性中，不同类别的受力筋有哪些区别？

板受力筋中的类别包括底筋、面筋、中间层筋、温度筋（图5.1.14），板受力筋类别主要影响其在板中的布置位置与形式，依照平法图集要求有不同的计算方式，本小节会对几种类型的板筋构造的区别及软件处理展开详细说明。

图 5.1.14　板受力筋类别

（1）底筋、面筋的端部构造

1）板钢筋在平法图集中有详细的锚固构造，22G101-1图集第2-50页中主要为板在端部支座的锚固构造，如图5.1.15所示。

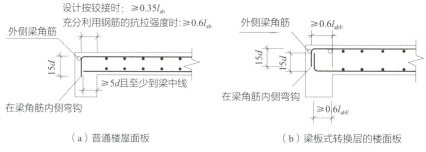

（a）普通楼屋面板　　　　　　　　（b）梁板式转换层的楼面板

图 5.1.15　板在端部支座的锚固构造（一）

本锚固构造主要是端部以梁为支座的情况，图5.1.15（a）（b）中纵筋在端支座应伸至梁支座外侧纵筋内侧后弯折15d，当平直段长度分别 $\geq l_a$、$\geq l_{aE}$ 时可不弯折。因此，以普通楼屋面板为例，板面筋的端支座锚固取值为：①当支座宽 H_c– 保护层 $bhc < l_a$ 时为弯锚，锚固长度 = 支座宽 $-bhc+15d$；②当支座宽 H_c– 保护层 $bhc \geq l_a$，可直锚，直锚长度 $=l_a$。

底筋的端部支座为梁时，也分为两种情况：①普通楼屋面板，底筋伸入支座 $\geq 5d$ 且至少到梁中线，即 $5d$ 与支座宽 /2 二者取大值。②当为梁板式转换层的楼面板时，当板下部纵筋直锚长度不足时，可弯锚，弯锚的长度为：平直段长度 $\geq 0.6l_{abE}$，并且到头弯折15d。

其中 l_{abE}、l_{aE} 按抗震等级四级取值，设计也可根据实际工程情况另行指定。

2）22G101-1 图集第 2-51 页为板在端部支座的锚固构造（二），本构造主要是端部支座为剪力墙的情况，如图 5.1.16 所示。

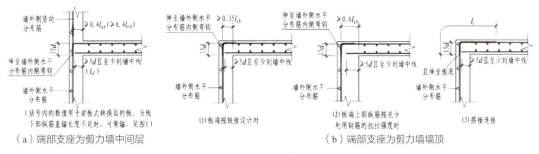

图 5.1.16　板在端部支座的锚固构造（二）

本锚固构造主要是端部以剪力墙为支座的情况，主要分为端部支座为剪力墙中间层和端部支座为剪力墙顶层两大类。两种情况，对于面筋的锚固构造与以梁为支座的情况相似，需判断直弯锚，即①当支座宽 H_c- 保护层 $bhc < l_a$（或 l_{aE}）时为弯锚，锚固长度 = 支座宽 $-bhc+15d$；②当支座宽 H_c- 保护层 $bhc \geq L_a$（或 l_{aE}），可直锚，直锚长度 $=l_a$（或 l_{aE}）。

板面筋在端部支座的锚固构造，在软件钢筋设置的"计算设置"中有对应设置，"计算规则"选择"板 / 坡道"，在受力筋中"板底钢筋伸入支座的长度"和"面筋（单标注跨板受力筋）伸入支座的长度"可以设置，软件中提供了多种选项，可对应工程中不同情况更改，默认规则为"面筋为能直锚就直锚，否则按公式计算：$ha-bhc+15 \times d$"，如图 5.1.17 所示。

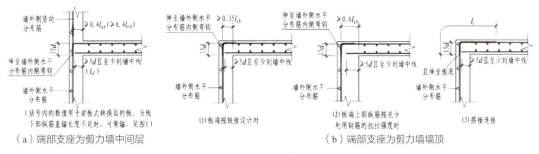

图 5.1.17　面筋伸入支座的锚固长度

3）底筋的锚固构造也分为不同的场景：①普通楼屋面板时，底筋直锚伸入支座长度 $\geq 5d$ 且至少到墙中线，即 $5d$ 与支座宽 $/2$ 二者取大值。②为梁板式转换层的楼面板时，当板下部纵筋直锚长度不足时，可弯锚，弯锚的长度为：平直段长度 $\geq 0.4l_{abE}$，并且到头弯折 $15d$，如图 5.1.18 所示。

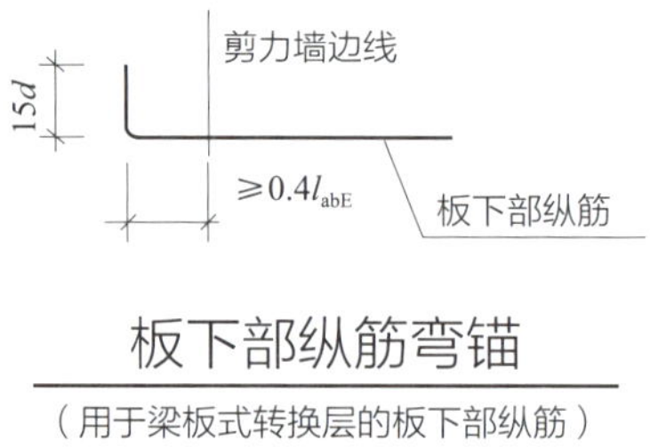

图 5.1.18　板下部钢筋弯锚

板底筋伸入支座的长度在软件"计算设置"中有对应设置，"计算规则"选择"板/坡道"，在受力筋中"板底钢筋伸入支座的长度"可以设置，软件同样提供了多种选择，默认计算规则为"板底钢筋伸入支座的长度：max（ha/2，5×d）"，如图 5.1.19 所示。

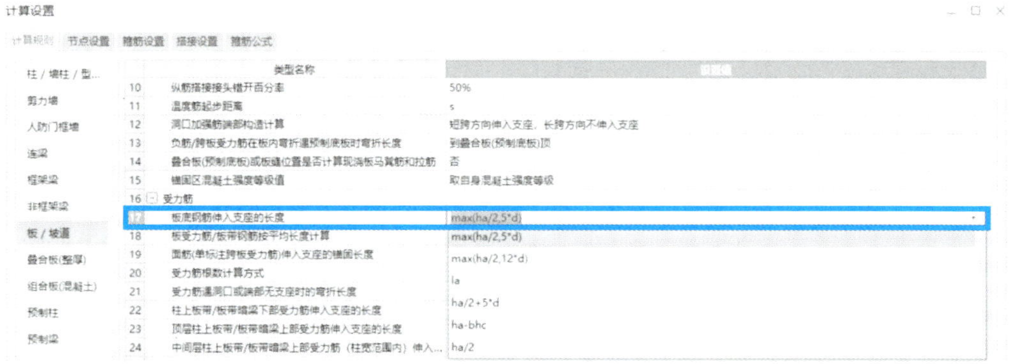

图 5.1.19　板底筋伸入支座的长度

（2）温度筋的构造

温度筋，是为了防止温度差较大而设置的防裂措施。混凝土在大面积条件下会因热胀冷缩产生裂缝，温度筋通过补强作用抵抗这种应力。依据《混凝土结构设计标准》（2024年版）GB/T 50010—2010 第 9.1.8 条，在温度，收缩应力较大的现浇板区域内，应在板表面双向配置防裂构造钢筋，配筋率不小于 0.10%，间距也不宜大于 200mm。上部抗裂、抗温度钢筋由设计者确定是否设置，钢筋配置构造如图 5.1.20 所示。

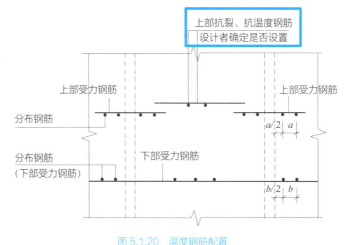

图 5.1.20　温度钢筋配置

抗裂构造钢筋、抗温度筋自身及其与受力主筋搭接长度为 L_l；当分布筋兼作抗温度筋时，其自身及与受力主筋、构造钢筋的搭接长度为 L_l。在软件中“计算规则”选择“板 / 坡道”，在公共设置项第 6 条“温度筋与负筋（跨板受力筋）的搭接长度”可以设置，如图 5.1.21 所示。

	类型名称	设置值
1	⊟ 公共设置项	
2	起始受力钢筋、负筋距支座边距离	s/2
3	分布钢筋配置	A6@250
4	分布钢筋长度计算	和负筋(跨板受力筋)搭接计算
5	分布筋与负筋(跨板受力筋)的搭接长度	150
6	温度筋与负筋(跨板受力筋)的搭接长度	ll
7	分布钢筋根数计算方式	向下取整+1
8	负筋(跨板受力筋)分布筋、温度筋是否带弯勾	否
9	负筋/跨板受力筋在板内的弯折长度	板厚-2*保护层

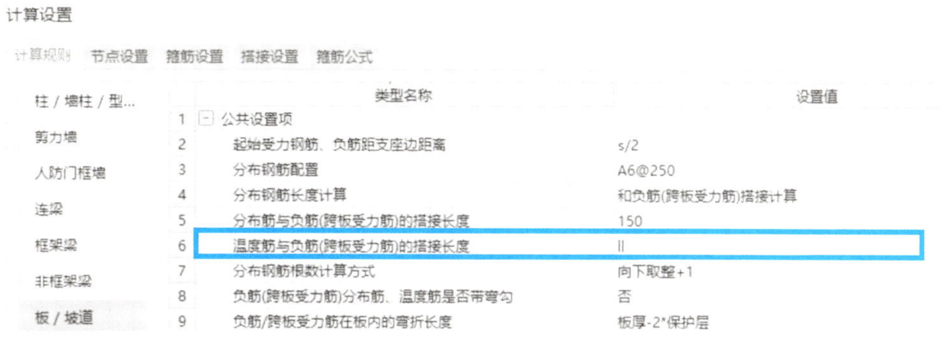

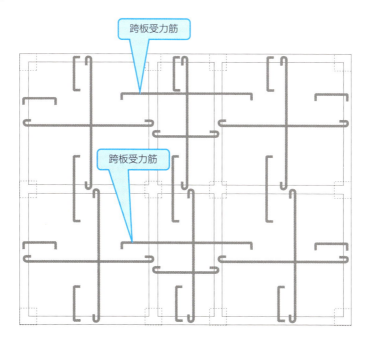

图 5.1.21　温度钢筋搭接长度软件设置

（3）跨板受力筋

跨板受力筋，是指图纸上标注的板上部通长并且伸出板外的受力钢筋，其主要作用是承受板的支座负弯矩，将板上的荷载有效地传递到梁或墙等支撑结构上，从而保证板的正常受力性能。通俗来讲，当钢筋跨过板之后还有一端或两端延伸，就叫它跨板受力筋，如图 5.1.22 所示。

图 5.1.22　跨板受力筋

跨板受力筋在软件中通过“新建跨板受力筋”绘制，其绘制方式同受力筋，如图 5.1.23 所示。

图 5.1.23   新建跨板受力筋

5.1.3   板负筋属性

本小节讲解板负筋构件的常见问题及软件处理思路。

1. 板负筋基础属性中左右标注尺寸（图 5.1.24）从哪里开始计算？

图 5.1.24   负筋属性左右标注

要根据工程图纸说明，如果图纸没有说明的，根据 22G101-1 图集第 1-36 页中关于板负筋伸出长度标注尺寸制图规则，如图 5.1.25 所示。

> 板支座上部非贯通纵筋自支座边线向跨内的伸出长度，注写在线段的下方位置。

图 5.1.25   负筋标注尺寸制图规则

为了更加方便理解，以中间支座为例，如图 5.1.26 所示。

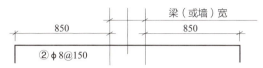

图 5.1.26　中间支座自支座边线伸出长度图示

2. 负筋计算要不要考虑支座宽？

负筋计算时要按照单边负筋和双边负筋两种情况分别考虑。单边负筋，即负筋只有一边伸入板内，需要关注图纸说明中标注尺寸起始位置，软件中默认考虑为支座内边线，若有其他情况，可以在负筋基础属性"单边标注位置"调整，如图 5.1.27 所示。

图 5.1.27　中间支座自支座边线伸出长度图示

当负筋为中间支座负筋时，需要关注实际工程图纸中负筋标注尺寸起始位置是否包含支座宽。在软件中可以通过选择负筋属性"是否包含支座宽"来决定按照中心线或者边线计算，如图 5.1.28 所示。

图 5.1.28　非单边标注含支座宽属性

3. 负筋属性中左右弯折长度（图 5.1.29）如何考虑？

属性名称	属性值	附加
名称	C8-200	
钢筋信息	Φ8@200	○
左标注(mm)	1000	○
右标注(mm)	1200	○
马凳筋排数	1/1	○
非单边标注含支座宽	(否)	○
左弯折(mm)	(0)	○
右弯折(mm)	(0)	○
分布钢筋	(Φ8@200)	○
备注		○
▸ 钢筋业务属性		
▸ 显示样式		

图 5.1.29　负筋属性左右弯折

22G101 图集相比 16G101 图集，取消了两端的直钩长度，如图 5.1.30 所示。

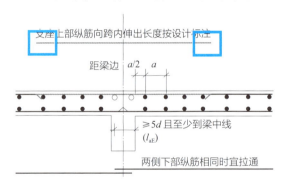

图 5.1.30　支座负筋弯折长度

若工程图纸中对负筋弯折长度有特殊标注，则可在负筋属性中单独修改。

4. 不同板厚有不同的分布钢筋（图 5.1.31），应该如何设置？

10.3.8 板内分布筋图中未注明时按下表采用：

楼板厚度	$h<100$	$h=100$	$h=110$	$h=120$	$h=130$
分布钢筋	φ6 @200	φ6 @180	φ6 @170	φ6 @150	φ6 @140

图 5.1.31　设计说明分布钢筋

（1）单独设置：在板负筋属性中可以进行规格直径间距的设置，如图 5.1.32 所示。

图 5.1.32　负筋属性分布钢筋设置

（2）批量设置：在计算设置中可以针对不同的板厚分别设置不同的分布钢筋，使其和图纸要求保持一致，如图 5.1.33 所示。

图 5.1.33　分布钢筋配置

5.2　板及板筋常用建模方式及要点

本小节主要讲解板和板筋在软件中绘制时的建模方法、要点及技巧。

1. 板的布筋方式有哪些区别？

软件中为板受力筋提供了多种布置方式，如图 5.2.1 所示。

图 5.2.1　受力筋布置方式

布置受力筋时，需要同时选择布筋范围和布置方式后才能绘制受力筋。

（1）布置范围包括单板、多板、自定义、按受力筋范围。按照单板、多板绘制主要影响板钢筋遇到梁时是否会断开；自定义：可以根据实际工程的需要自行调整布置范围；按受力筋范围：可以根据已布置钢筋的范围再次布置。

（2）布筋方式包括 *XY* 方向、水平、垂直、两点、平行边、弧形边布置放射筋、圆心布置放射筋。*XY* 方向又分为双向布置、双网双向布置、*XY* 向布置，如图 5.2.2 所示。

图 5.2.2 *XY* 方向布置受力筋

三种布置方法只是为了输入钢筋信息方便，输入钢筋信息一样时，计算没有区别，具体区别如下：①双向布置：受力筋底筋或者面筋两个方向的钢筋相同时适用；②双网双向布置：受力筋底筋和面筋钢筋信息相同并且两个方向的钢筋相同；③ *XY* 向布置：面筋两个方向钢筋信息不同 / 底筋两个方向钢筋信息不同 / 底筋面筋钢筋信息都不同时。对于复杂轴网或者需要多个轴网拼接的工程，在选择布置方法时注意参照轴网。

圆心布置放射筋和弧线边布置放射筋均是布置弧形板上的放射筋。阳角放射筋的形式在后面章节中会详细讲解。

一般来讲，布筋范围与布筋方向相结合，可以处理各种形式的板受力筋。

2. 布置板受力筋时，提高效率的方式有哪些？

针对实际工程的不同情况，软件提供了"复制钢筋""应用同名板"两个功能提升布筋效率，如图 5.2.3 所示。

图 5.2.3 复制钢筋应用同名板

（1）复制钢筋：不同板受力筋信息相同时适用。

（2）应用同名板：相同名称板钢筋信息相同时适用。

新建现浇板时，注意与图纸一致用板编号进行区分，或用板的厚度作为板名称，便于进行板受力筋的快速布置。

3. 如何确认板受力筋 / 板负筋的布置范围？

板受力筋 / 负筋的布置范围，可以利用"查看布筋情况""查看布筋范围"功能进行直观地查看，如图 5.2.4 所示。

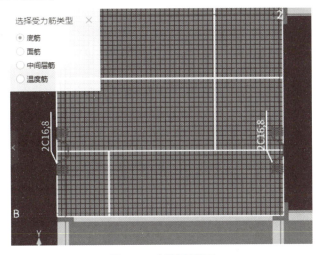

图 5.2.4   查看布筋情况

"查看布筋情况"和"查看布筋范围"的区别在于："查看布筋情况"适用于整体钢筋，避免出现未布筋板、未布筋方向；"查看布筋范围"适用于单个钢筋，用于确认此钢筋布筋是否合理。在不合理的情况下，板受力筋的布筋范围可以拖曳调整。

5.3 板特殊构造处理

在实际工程中，出于功能、结构上的需要，往往会有一些特殊的构造，本小节主要讲解升降板、阳角放射筋、板加腋等特殊构造在软件中的处理思路和技巧。

5.3.1 板局部升降构造

在住宅建筑中，为了满足不同功能区域的排水需求，例如卫生间楼板常采用局部降板构造，为排水管道提供敷设空间，降板高度一般在 200 ~ 300mm；因厨房常有污水产生，为便于排水和防止污水外流，其楼板会局部降低；为满足特殊结构或设备安装要求，设备基础的位置可能需要局部升高或降低楼板，以满足设备的安装高度和检修空间要求，同时确保设备运行时的稳定性和安全性。本小节主要讲解现浇板局部升降构造在软件中的处理思路。

1. 局部升降板 SJB 平法图集中的构造说明

一般升降板位置都有梁，局部升降板起到让楼面有高低差的作用，在有卫生间或者有高低差的楼板工程上会碰到。局部升降板的板厚、壁厚和配筋，在标准构造详图中取与所在板块的板厚和配筋相同时，设计不用注明；当采用不同板厚、壁厚和配筋时，设计应补充绘制截面配筋图。

局部升降板升高与降低的高度，在标准构造详图中限定为小于或等于 300mm。当高度大于 300mm 时，设计应补充绘制截面配筋图。

升降板的形式分为小高差升降板和大高差升降板，具体升降板的形式分为以下几种：

（1）板厚≤高差≤ 300mm

1）板中升降，如图 5.3.1 所示。

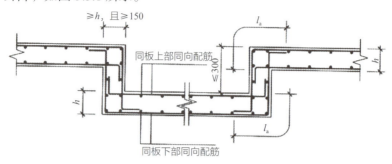

图 5.3.1　局部升降板 SJB 构造—板中升降

2）侧边为梁，如图 5.3.2 所示。

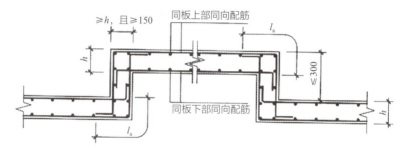

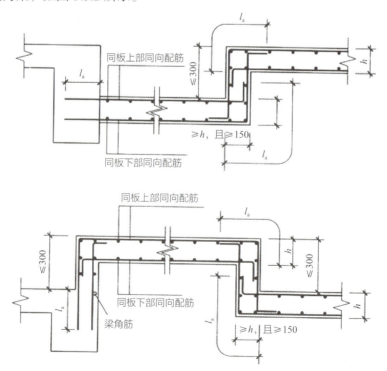

图 5.3.2　局部升降板 SJB 构造—侧边为梁

（2）0＜高差＜板厚

1）板中升降，如图5.3.3所示。

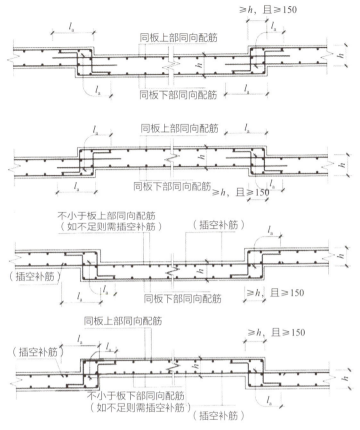

图 5.3.3　局部升降板 SJB 构造（二）—板中升降

2）侧边为梁，如图5.3.4所示。

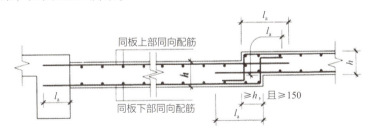

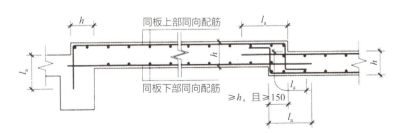

图 5.3.4　局部升降板 SJB 构造（二）—侧边为梁

通过以上构造，对局部升降板 SJB 构造的总结：

（1）升降板的钢筋互相锚入上方 / 下方板，长度为 l_a。

（2）升降板处应采用双层双向贯通的钢筋，不足时需要加筋。

（3）升降板的高差不宜大于 300，超过需要补充配筋构造。

（4）升降板的高差转折处宽应≥板厚，且≥ 150。

2. 局部升降板在软件中的设置

设置升降板流程：切换至板构件→在菜单栏"现浇板二次编辑"中点击"设置升降板"功能→选择设置升降板的相邻的两块有高差的板后单击鼠标右键→在"升降板参数定义"窗口输出参数信息，点击确定→升降板设置成功，如图 5.3.5 所示。

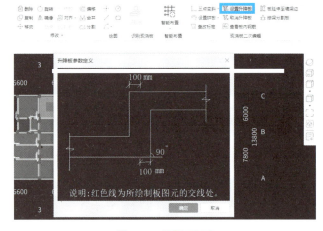

图 5.3.5　设置升降板

5.3.2　板阳角放射筋

阳角放射筋主要设置在建筑物平面的阳角处。所谓阳角，是指建筑构件（如楼板、阳台板等）向外凸出的角，这个角的角度一般小于 180°。放射筋常设置在挑檐板转角、外墙阳角、大跨度板的角部等处，这些位置由于受到的应力比较复杂，容易产生裂缝等质量问题，所以需要设置放射筋来加强结构的承载能力。板阳角放射筋在平法图集中的构造如图 5.3.6 所示。

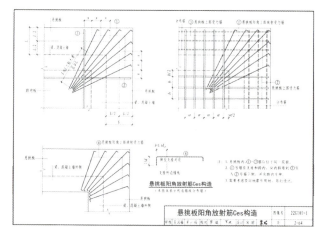

图 5.3.6　板阳角放射筋构造（22G101-1 图集）

阳角放射筋在软件中的处理思路有多种，本章节主要介绍自定义钢筋和编辑钢筋两种方法，实际工程中可灵活选择。

（1）自定义钢筋处理思路：在左侧导航栏中，切换到自定义菜单下的自定义钢筋界面→新建自定义钢筋→选择"新建线式自定义钢筋"→单击鼠标左键选择需要布置自定义钢筋的图元工作面→用"直线"布置到阳角位置，如图 5.3.7 所示。

图 5.3.7　自定义钢筋

（2）编辑钢筋处理思路：在建模区域选择需要设置阳角放射筋的板→菜单栏"工程量"页签点击"编辑钢筋"→在"编辑钢筋"表格中录入放射筋信息，如图 5.3.8 所示。

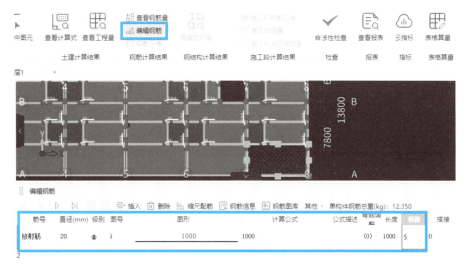

图 5.3.8　编辑钢筋

5.3.3　板加腋

板加腋构造是一种在建筑结构中用于加强板与其他构件连接部位的构造措施，常用于大跨度的地下室，顶板由框架梁、带斜腋的现浇板构成，不设置次梁。该结构具有可承受大荷载、加大地下室净空高度、提高使用空间的特点。

1.平法图集构造要求

板加腋的位置与范围由平面布置图表达，腋宽、腋高等由引注内容表达。当为板底加腋时，腋线应为虚线，当为板面加腋时，腋线应为实线；当腋宽与腋高同板厚时，设计不用注明；加腋配筋按标准构造详图时，设计不用注明；当加腋配筋与标准构造不同时，设计应补充绘制截面配筋图。其平面注写方式如图 5.3.9 所示。

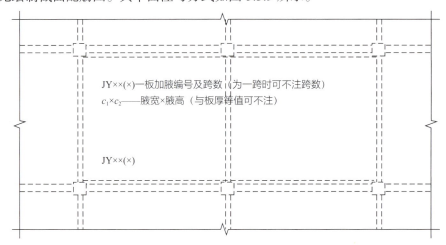

JY××(×)—板加腋编号及跨数（1为一跨时可不注跨数）
$c_1×c_2$——腋宽×腋高（与板厚等值可不注）

JY××(×)

图 5.3.9　板加腋 JY 引注图示

加腋钢筋与其他部分连接的构造要求为：板底加腋钢筋同下部同向配筋，伸入板内长度为 l_a；板面加腋钢筋同板上部同向钢筋，伸入板内长度为 l_a，其构造如图 5.3.10 所示。

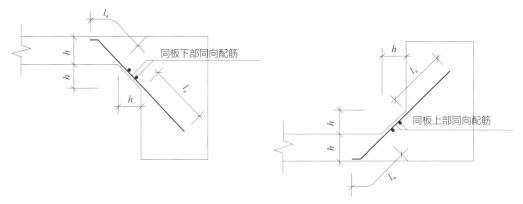

同板下部同向配筋

同板上部同向配筋

图 5.3.10　板加腋 JY 构造

2.板加腋软件处理

（1）新建板加腋流程：导航栏切换至板加腋→构件列表"新建板加腋"→基础属性中选择"板面加腋"/"板底加腋"→将图纸中板加腋尺寸和钢筋信息录入基础属性中，如图 5.3.11 所示。

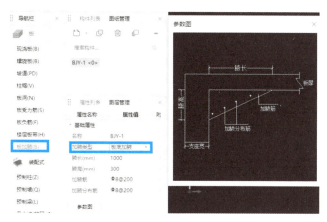

图 5.3.11　定义板加腋

（2）绘制板加腋：

1）布置板加腋流程：菜单栏"板加腋二次编辑"→点击"布置板加腋"功能→选择布置方式（"按梁布置""按连梁布置""按剪力墙布置"）→根据板加腋支座的类型选择相应的布置方式→布置成功，如图 5.3.12 所示。

图 5.3.12　布置板加腋

2）生成板加腋流程：菜单栏"板加腋二次编辑"→点击"生成板加腋"功能→选择"支座类型"（梁、连梁、剪力墙）→选择"生成方式"（"选择图元""自动生成"）→点击确定。

选择自动生成点击确定后，软件会根据设置自动生成相应位置的板加腋；选择图元生成则会与布置板加腋功能类似，根据支座类型选中相应的支座并生成板加腋，如图 5.3.13 所示。

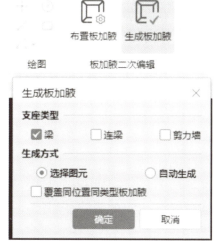

图 5.3.13　生成板加腋

（3）板加腋钢筋计算设置

计算设置流程：切换到"工程设置"页签→选择"钢筋设置"中"计算设置"→切换至"节点设置"→点击板中的第29条至第32条→根据图纸实际情况选择，如图5.3.14所示。

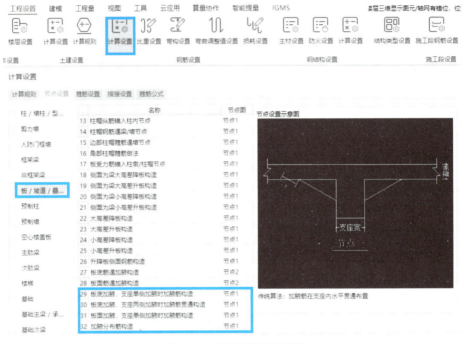

图5.3.14　板加腋钢筋计算设置

需要注意的是，板加腋部分不单独计算混凝土体积和模板面积，加腋部分的工程量并入对应的现浇板中，如图5.3.15所示。

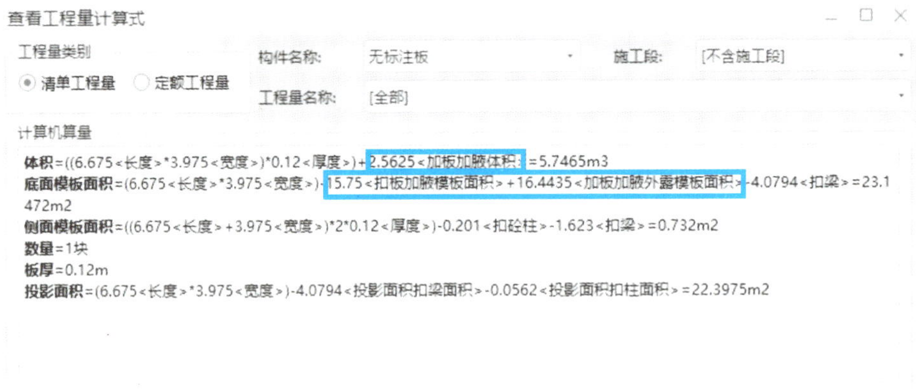

图5.3.15　板加腋土建工程量计算

5.3.4　板钢筋外伸构造

在实际工程中，由于建筑功能设计需要，为保证建筑的整体性和稳定性要求，会通过设置板钢筋的外伸增强连接的整体性，常见的情形如客厅与阳台之间的楼板存在外伸构造，需要通过客厅楼板钢筋外伸来增强连接整体性，保证阳台的稳定性。板钢筋外伸构造如图5.3.16所示。

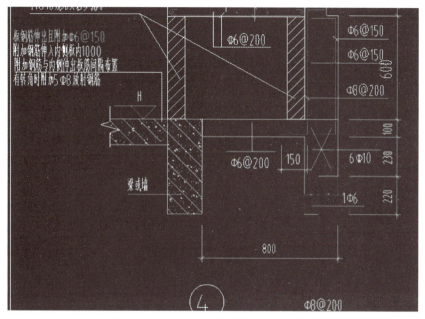

图 5.3.16　板钢筋外伸构造

　　板筋的布置范围受板的范围限制，钢筋外伸的构造在计算出结果后，可能出现编辑钢筋中显示的钢筋长度和实际不符，这种情况在软件中可以通过板受力筋中钢筋业务属性中的"长度调整"增减钢筋长度，输入正值为增加长度，输入负值为在原有的计算基础上减少长度，输入 0 或不输入则不考虑调整长度，如图 5.3.17 所示。

图 5.3.17　板钢筋长度调整

5.4　板设置注意事项

使用"点"绘方式绘制的板模型，板的边线默认位置为支座的中心线，如图 5.3.18 所示。

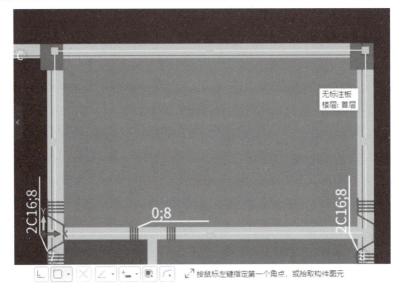

图 5.3.18　板边线在支座中心线

在一些地区的定额计算规则中，规定板的工程量计算包含板与墙、板与梁相交的部分，即墙、梁计算时计算到板底的位置，若按照支座中心线位置计算板的混凝土体积和模板，计算出的结果都会偏小。在软件中要保证板的工程量计算的准确性，需要将板延伸到墙外侧和梁外侧。软件中快速实现板到墙梁边的功能为"板延伸至墙梁边"，具体操作流程如下：在现浇板的建模界面→点击右上方菜单栏"现浇板二次编辑"中"板延伸至墙梁边"→单击鼠标左键选中或按 F3 批量选中要延伸的板→单击鼠标右键即可将板延伸到墙 / 梁边。延伸板后，板受力筋会自动按照板的范围延伸，如图 5.3.19 所示。

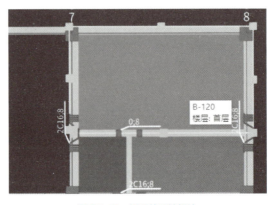

图 5.3.19　板延伸至墙梁边

第6章　基础专题

工程中常见的基础类型包括筏形基础、独立基础、条形基础、桩承台以及基础相关的基础梁、集水坑等构造。实际工程中，这些基础构件（筏形基础、独立基础、桩承台、条形基础、集水坑）都可能出现不规则的几何形状，例如筏板变截面、异形集水坑，计算混凝土量时需要将复杂形状分解为简单几何图形来准确计算体积。对于钢筋量计算，不规则形状导致钢筋在弯折、锚固等方面的计算规则复杂，要考虑构件的各个角度、斜率变化等因素来确定钢筋长度和数量。当不同的基础构件交接处钢筋布置规则多样，如桩与承台连接钢筋的计算要考虑桩的类型、嵌入深度等因素，很容易出现错误。筏形基础中的马凳筋等措施钢筋，其规格、形状、间距的确定以及计算方法因工程而异。计算时要考虑筏板厚度、钢筋间距等多种因素。另外，一些特殊部位的钢筋（如集水坑坑壁和坑底转角处的钢筋、杯口独立基础杯口周围的加强钢筋）的布置和计算规则也比较复杂，容易被忽视，且这些钢筋的计算要结合构件的特殊构造要求，增加了算量的难度。

本章节将会按照不同的基础类型介绍其在软件中的处理要点和技巧，以及不同基础构件相关联时的处理。对于复杂的基础构造，本章节会为读者介绍此类型的基础在软件中的处理思路，帮助读者建立复杂基础构造的思路，能够在后续工作中举一反三，提升算量效率。

6.1　筏形基础

本节主要介绍筏形基础特殊构造在软件中的处理思路和方法。

6.1.1　筏板封边构造

在建筑物筏形基础的边缘部分，为了保证筏板的整体性和稳定性，需要进行封边构造，特别是在筏形基础受到水平力（如风力、地震作用）作用时，边缘部分的混凝土容易因受力不均而损坏。封边构造可以有效地约束混凝土，防止边缘部分的破坏，提高筏形基础的耐久性和承载能力。在22G101-3图集中，关于筏板的封边构造有两种形式：U形筋构造封边方式、纵筋弯钩交错封边方式，如图6.1.1所示。

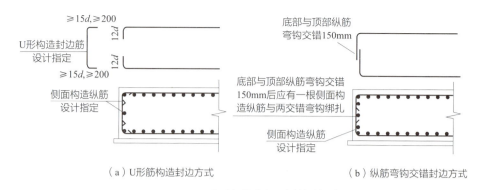

图 6.1.1   板边缘侧面封边构造

（1）U 形筋构造封边方式。该构造方式由设
计指定，当采用 U 形封边方式时，弯折部分的长度为 max（15d，200）。在软件中 U 形封边钢筋的处理是在筏形基础属性中录入，操作流程为：选择筏形基础→选择属性→点击钢筋业务属性→在"筏板侧面纵筋""U 形构造封边钢筋""U 形构造封边钢筋弯折长度"中录入钢筋信息，如图 6.1.2 所示。

属性名称	属性值	附加
▶ 基础属性		
▼ 钢筋业务属性		
其它钢筋		
马凳筋参数图		
马凳筋信息		
线形马凳筋方向	平行横向受力筋	
拉筋		
拉筋数量计算方式	向上取整+1	
马凳筋数量计算方式	向上取整+1	
筏板侧面纵筋		
U 形构造封边钢筋		
U 形构造封边钢筋弯折长度(mm)	max(15*d,200)	
节点设置	按默认节点设...	
归类名称	(FB-1)	
保护层厚度(mm)	(40)	
汇总信息	(筏板基础)	
▶ 土建业务属性		

图 6.1.2   U 形构造封边钢筋

（2）纵筋弯钩交错封边方式。当采用交错封边方式时，底部与顶部纵筋弯钩交错150mm。软件中需要在节点设置中处理，操作流程为：在"工程设置"页签"钢筋设置"功能区选择"计算设置"→切换至"节点设置"页签→选择"基础"→在"筏形基础端部外伸上部钢筋构造""筏形基础端部外伸下部钢筋构造"中选择"节点二"，如图 6.1.3 所示。

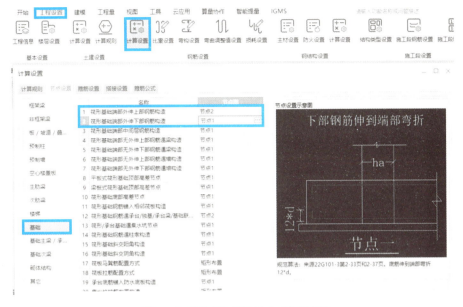

图 6.1.3　纵筋弯钩交错封边方式软件处理

注意：修改时，上部钢筋下部钢筋都要修改。

6.1.2　筏形基础附加钢筋构造

筏形基础集中受力部位通常会设置附加钢筋。一般来讲，设计附加钢筋会综合考虑受力情况、构造要求、不均匀沉降以及特殊荷载等多方面的因素，旨在确保筏形基础的结构安全性、整体性和耐久性，使筏形基础能够更好地承受上部结构的各种荷载，适应不同的地基条件和使用环境。例如当柱的荷载较大时，筏板在柱下会承受较大的集中力，仅依靠筏板的常规配筋可能无法满足承载要求，需要在柱下区域设置附加钢筋。当筏形基础上存在局部的特殊荷载，如大型设备基础、重型设备或集中活荷载时，会在荷载作用的局部区域设置附加钢筋。在工程图纸中如图 6.1.4 所示。

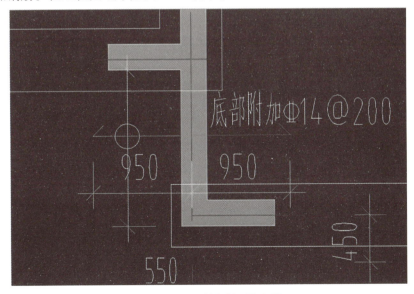

图 6.1.4　筏形基础底部附加钢筋

图中带弯钩钢筋线表示此处附加钢筋为底筋，钢筋信息为Φ14@200，竖向有起止线部分表示该附加钢筋的长度范围。对于附加钢筋在软件中的处理思路为：当附加钢筋为底筋时，可选择筏板主筋中的底筋或筏板负筋绘制；当附加钢筋为面筋时，则只能使用筏板主筋中的面筋绘制。

具体操作流程为：

（1）新建附加钢筋：导航栏选择"筏板主筋"→新建"筏板主筋"→基础属性中录入钢筋信息，注意区分底筋面筋，如图 6.1.5 所示。

图 6.1.5　新建筏板附加钢筋

（2）绘制附加钢筋：构件列表选择需要布置的附加钢筋→点击"布置受力筋"→选择"自定义"→在绘图区域选择筏形基础→根据需要绘制自定义的范围（有 CAD 底图的可以根据底图绘制）→布置完成，如图 6.1.6 所示。

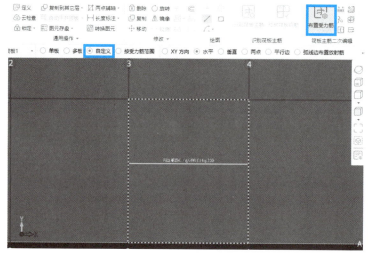

图 6.1.6　自定义范围布置附加钢筋

6.1.3 筏形基础边坡 / 变截面构造

筏板设置边坡或者变截面有 4 种常见情况：

（1）当建筑物上部结构荷载分布不均匀，为了使筏形基础下的地基土能够均匀地承受上部荷载，避免局部地基土过度受压而发生破坏，就需要在筏板厚度变化处设置边坡或者变截面。

（2）在山地建筑或者坡地建筑中，建筑场地存在一定的坡度。如果基础全部做成等厚度的筏板，会导致一部分筏板埋深过大，浪费材料且可能增加不必要的土方开挖量。此时，可以在埋深变化处设置筏板边坡，使筏板能够较好地贴合场地的实际地形，有效利用空间并合理控制基础埋深。

（3）当筏形基础面积较大，尤其是在软土地基上，为了减少基础的不均匀沉降，可以设置筏板边坡或者变截面来调整筏板刚度。

（4）在地下水位较高的地区，筏形基础作为地下室的底板需要考虑防水性能。设置筏板边坡或者变截面可以更好地处理防水构造。在 22G101-3 图集中，筏形基础变截面构造如图 6.1.7 所示。

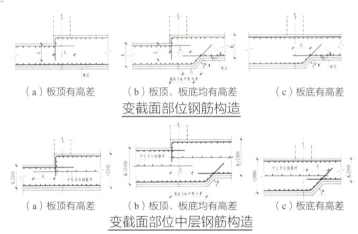

（a）板顶有高差　　　（b）板顶、板底均有高差　　　（c）板底有高差

变截面部位钢筋构造

（a）板顶有高差　　　（b）板顶、板底均有高差　　　（c）板底有高差

变截面部位中层钢筋构造

图 6.1.7　筏形基础变截面钢筋构造

在实际工程中，筏形基础变截面的构造如图 6.1.8 所示。

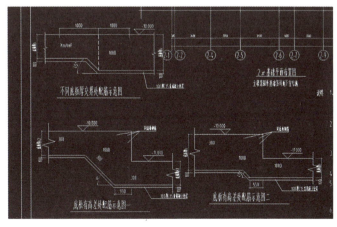

图 6.1.8　筏形基础变截面实例

在工程中，应仔细阅读图纸，分析图纸中的具体构造，根据图纸中的构造要求，领会图纸意图，清晰需要什么样的钢筋／工程量，然后用对应的功能处理。一般来说，可以选择"设置边坡""设置变截面"两个功能应对不同的图纸构造。

1. 设置边坡

具体操作流程：导航栏选择"筏形基础"→在"筏板基础二次编辑"菜单栏点击"设置边坡"→单击鼠标左键选择需要设置边坡的筏形基础→选择设置"所有边"或"多边"→在"设置筏板边坡"弹窗中选择对应的参数图→输出参数信息，确认完成，如图6.1.9所示。

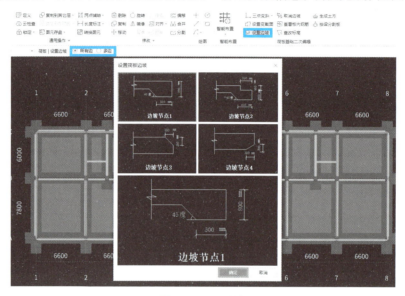

图6.1.9　设置边坡

2. 设置变截面

具体操作流程：导航栏选择"筏形基础"→在"筏板基础二次编辑"菜单栏点击"设置变截面"→单击鼠标左键选中需要设置变截面的两块筏板，单击鼠标右键确认→在"筏板变截面定义"弹窗中输入参数信息，确认，如图6.1.10所示。

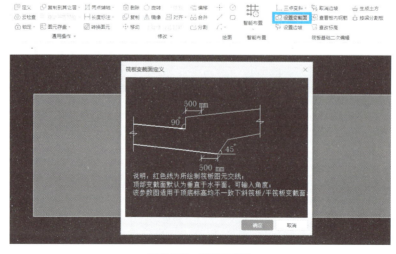

图6.1.10　设置变截面

6.1.4　筏形基础阳角放射筋

对于筏形基础的阳角位置，考虑受力因素，需要能抵抗因弯矩、剪力在阳角处产生的应力集中，防止裂缝与混凝土破坏；筏板尺寸与结构类型方面，大型筏板或高层多层结合的基础需设置；地质条件上，不均匀地基或存在溶洞、软弱夹层时，它可增强基础稳定性。因此需要设置阳角放射钢筋，其在图纸中的体现形式如图 6.1.11 所示。

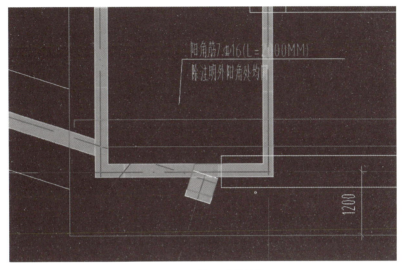

图 6.1.11　筏板阳角放射筋

筏板阳角放射筋在软件中的处理思路，在本书 5.3.2 节中已经讲解过自定义钢筋和编辑钢筋两种方法，本小节将介绍第三种方法：表格算量。具体操作流程为：切换至"工程量"页签→点击"表格算量"→在表格算量左侧窗口点击"构件"添加构件→在右侧窗口录入钢筋信息（筋号、长度、根数）→录入完成，如图 6.1.12 所示。

图 6.1.12　表格算量

在实际工作中，处理阳角放射筋的三种方法都可以使用，读者可以根据自己的操作习惯选择适合的方法。

6.2　基础中的梁

基础部分常见梁有：基础梁连接基础传递荷载、调节沉降；承台梁连接桩顶承台，让桩协同工作；基础联系梁增强基础整体性；地圈梁防沉降和防潮；反梁用于特殊需求。它们在受力、位置和构造等方面各有特点。本节将会从梁作用分析、梁平法分析、梁类别判断等方面，帮助读者区分基础中各种梁的类型。

6.2.1 基础梁类别

关于基础中的梁类别可以从梁的作用、梁平法以及梁类别判断几个方面来分析。

1. 梁的作用分析

常见基础中的梁的应用场景和作用：

（1）承台梁，梁代号为 CTL，承台梁主要用于桩基础，是连接桩顶的承台的梁。它把各个承台连接成一个整体，使桩基础共同承受上部结构的荷载，提高桩基础的整体性和稳定性。

（2）基础梁，梁代号为 JL，一般用在地下室，是主要的承重构件，它的受力情况正好与框架梁相反。

（3）基础联系梁，梁代号为 JLL，基础联系梁是用来连接独立基础、条形基础或桩基承台的梁。主要作用是增强基础的整体性和空间刚度。当建筑物采用独立基础或柱下条形基础等形式时，基础联系梁可以拉结各个独立的基础，使它们在水平方向上能够更好地协同工作，抵抗水平力。基础以上，±0.000 以下的梁需要分析力的情况，确定其是否是基础联系梁，当然这些都要由设计者确定。

2. 梁平法分析

本小节将会从平法图集的角度来分析下列各类基础梁的区别。

（1）承台梁

平法图集中承台梁与框架梁最显著的区别为承台梁下面的桩要伸入承台梁内 50 或者 100，如图 6.2.1 所示。

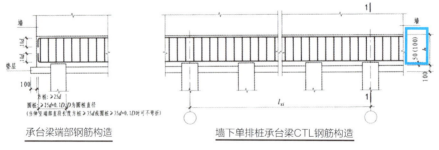

承台梁端部钢筋构造　　　墙下单排桩承台梁CTL钢筋构造

图 6.2.1　承台梁钢筋构造

基于承台梁的钢筋构造，在计算其箍筋长度时，计算方式与框架梁有明显的区别。接下来以土建计量 GTJ 软件中的计算结果为例进行详细讲解。在土建计量 GTJ 计算设置中，"桩顶嵌入承台梁内的长度"默认为 100，如图 6.2.2 所示。

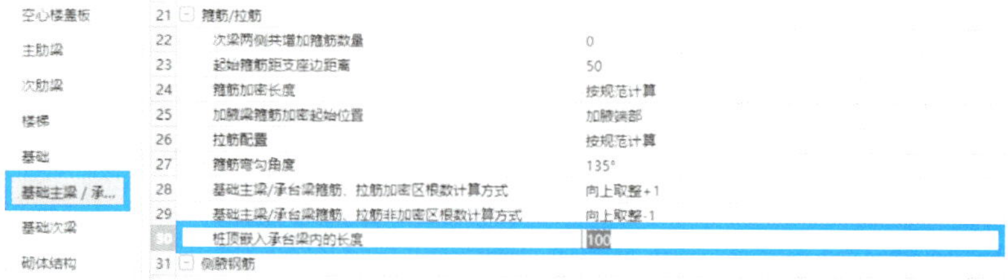

图 6.2.2　桩顶嵌入承台梁内的长度

软件中将梁类型定义为承台梁，绘制一个属性宽度 1500mm、高度 500mm 的承台梁，计算箍筋时，先看到承台梁的高度是 500mm，宽度是 1500mm，那在计算时箍筋宽度 =1500（承台梁宽）-40（保护层厚度）×2，箍筋高度 =500（承台高度）-100（嵌入长度）-40（保护层厚度），如图 6.2.3 所示。

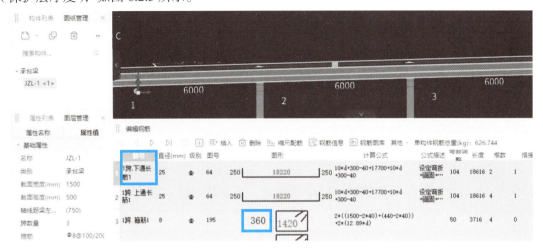

图 6.2.3　承台梁箍筋计算

基于承台梁箍筋计算的特殊性，在软件定义梁的时候要区分是基础联系梁、基础梁还是承台梁，因为一旦定义为承台梁后，箍筋长度计算方式不同。

（2）基础梁

从基础梁的平法图集中可以看到，基础梁的支座负筋位于梁的下部，通过其钢筋构造可以看出基础梁的受力方向与框架梁相反，如图 6.2.4 所示。

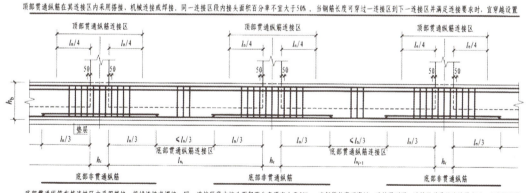

图 6.2.4　基础梁 JL 纵向钢筋与箍筋构造

（3）基础联系梁

在 22G101-3 图集中，基础联系梁有两种构造，按照位置区分的话，一种为梁顶和基础顶平齐，另外一种为梁顶高度高于基础顶面。梁顶和基础顶平齐的时候，锚固是从柱边开始，锚固长度是 l_a，那当梁顶高度超过基础顶的时候，伸入柱内的钢筋需要判断直弯锚，能直锚就进行直锚，不能直锚伸到对边弯折 $15d$，如图 6.2.5 所示。

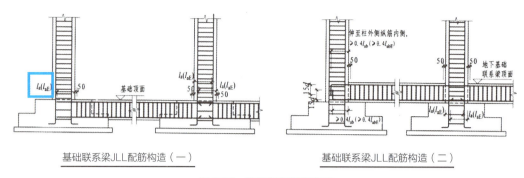

基础联系梁JLL配筋构造（一）　　　　基础联系梁JLL配筋构造（二）

图 6.2.5　基础联系梁配筋构造

3. 梁类别判断

在实际工程中，判断梁类别为基础梁还是基础联系梁，可以通过以下几个小技巧提升效率：

（1）查看楼层：位于基础层，包括基础梁、基础联系梁、承台梁；而对于非基础层，包括连梁、楼层框架梁、屋面框架梁、非框架梁、井字梁、框支梁、托柱转换梁等。

（2）支座关系：如果梁的作用是连接独立基础、条形基础或桩基承台的梁，可能是基础联系梁，起到整体稳定性作用，如果配置在桩的顶部，直接替换桩上部承台构件的梁是承台梁。

（3）标注信息：通过对平法图集的分析，可以看出基础梁与框架梁的受力相反，在识图时可以看梁标注，如果梁原位标注也是和框架梁相反的，例如支座负筋在梁下方标注，那么这根梁就可以定义为基础梁，而基础联系梁标注同框架梁标注，支座负筋的标注也在上方。

（4）梁的作用：若梁为受力或承重构件，承受墙、板的压力，则可能为基础梁或框架梁；若梁为拉结构件，不承重，只为加强构件间的整体性，则可能为基础联系梁。

了解梁类别判断技巧后，下面将会通过实际工程图纸的案例夯实一下，工程实例一如图 6.2.6 所示。

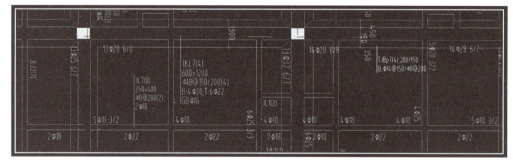

图 6.2.6　梁类别判断实例一

图中 JK7L 是基础框梁，支座负筋标注在梁的下方，与框架梁相反。这种情况下，基础框梁就可以定义为基础梁。JL7 是基础梁 7，支座负筋和下部钢筋标注与框架梁标注相同，所以建议定义的时候把它定义为基础联系梁。

工程实例二如图 6.2.7 所示。

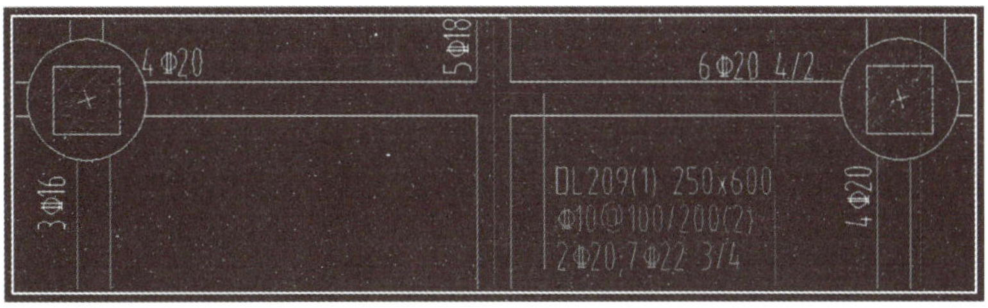

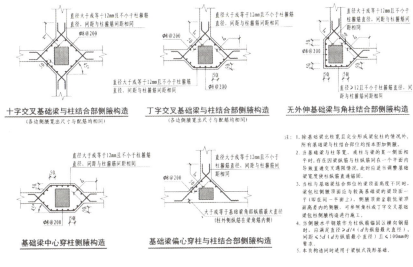

（图中文字）
4Φ20　5Φ18　6Φ20 4/2

3Φ16　DL 209(1) 250×600
Φ10@100/200(2)
2Φ20;7Φ22 3/4　4Φ20

图 6.2.7　梁类别判断实例二

图中 DL 地梁 209 连接的是圆形桩承台，起到整体稳定性作用，并且梁下面没有桩，所以建议把它定义为基础联系梁。

6.2.2　基础梁侧加腋

基础梁加腋常见于多种场景。在重载、高层及大跨度建筑中，可提升承载能力与结构整体性；地震频发区，能增强抗震性能；当荷载分布不均或基础形式复杂时，有助于优化基础梁内力分布，保障建筑基础稳固，降低安全隐患。在 22G101-3 图集中，基础梁 JL 与柱结合部侧腋构造如图 6.2.8 所示。

图 6.2.8　基础梁侧腋构造

基础梁侧腋在计算时通常是三角形或梯形等形状，其与基础梁和柱子的连接并非简单的规则几何形状组合，在计算体积时，需要准确计算出加腋部分的实际形状和尺寸所对应的体积，涉及复杂的几何计算，容易出现计算错误。除此之外，与其他构件的扣减关系、加腋部分的钢筋布置均较为复杂，加腋钢筋包括纵筋、箍筋、拉结筋等，其长度、弯曲角度和锚固长度等都需要根据具体的结构要求和规范进行计算。在软件中可以使用"生成侧腋"功能快速处理。

"生成侧腋"的具体操作流程为：构件列表选择基础梁→点击基础梁二次编辑分组下的"生成侧腋"功能→在生成侧腋弹窗中，根据设置条件选择对应的侧腋形式→点击每一个侧腋形式后的三点按钮，还可选择不同的侧腋类型（图 6.2.9）→录入钢筋信息→点击"确定"→选择需要基础梁包住的柱图元，单击鼠标右键确认即可生成相应的侧腋。

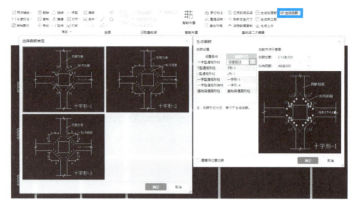

图 6.2.9　基础梁生成侧腋

6.3　独立基础

本节主要讲解独立基础的特殊构造在软件中的处理技巧和思路。

6.3.1　双网独立基础

独立基础主要承受上部结构传来的竖向荷载，将荷载传递到地基土中。在正常情况下，基础底部主要承受压应力，而地基土对基础底部的反力相对较为均匀。下部钢筋主要作用是抵抗基础底部由于地基反力产生的拉应力，对于一些荷载较小、地基条件较好的情况，仅靠下部钢筋就足以满足基础的受力要求。从混凝土结构的耐久性和构造要求角度考虑，钢筋需要有足够的混凝土保护层厚度来防止钢筋锈蚀。只设置下部钢筋时，更容易保证钢筋的混凝土保护层厚度满足要求，使混凝土能够更好地包裹钢筋，提高结构的耐久性。当独立基础承受较大的弯矩、剪力，需要承受较大荷载或对基础整体性要求较高的建筑结构时，需要设置上部钢筋，与下部钢筋共同作用，以提高基础的承载能力和整体性能。

根据双网独立基础的形式不同，软件中的处理思路也不同，重点介绍矩形、棱台形的双网独立基础的处理方法和思路。

1. 矩形双网独立基础

在独立基础为矩形的情况，可以在定义独立基础录入受力筋信息时以"/"隔开，"/"前面表示下部钢筋，"/"后面表示上部钢筋，如图 6.3.1 所示。

图 6.3.1　双网矩形独立基础软件处理

2. 棱台形双网独立基础

当独立基础形状为棱台形时（图 6.3.2），除了底部的钢筋网，上部钢筋会随着基础形状而倾斜，此时可以变通处理。

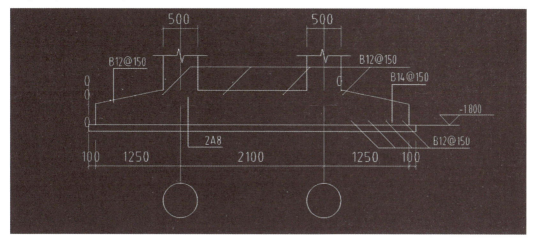

图 6.3.2　棱台形双网独立基础

变通处理思路：使用形状相似、配筋相似的桩承台绘制。具体操作流程：导航栏选择桩承台→"新建桩承台"→"新建桩承台单元"→在"选择参数化图形"弹窗中选择适合的参数图→在参数图中录入相关的尺寸、钢筋信息，如图 6.3.3 所示。

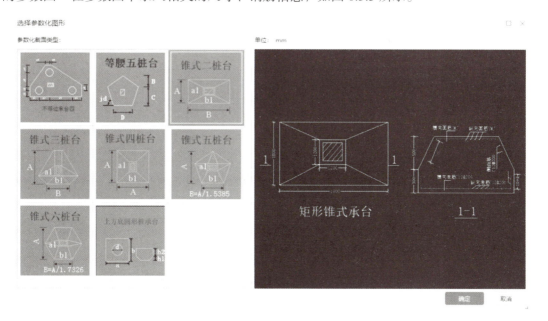

图 6.3.3　棱台形双网独立基础软件处理

6.3.2　独立基础底板配筋长度减短 10% 构造

22G101-3 图集中，当独立基础底板长度大于或等于 2500mm 时，除外侧钢筋外，底板配筋长度可取相应方向底板长度的 0.9 倍，交错放置，四边最外侧钢筋不缩短，如图 6.3.4、图 6.3.5 所示。

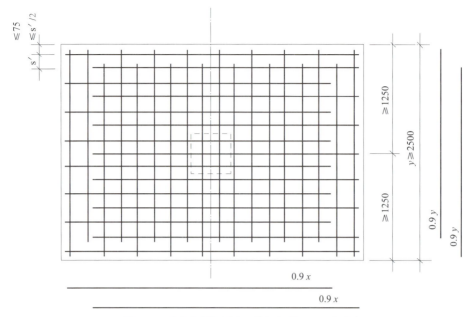

图 6.3.4　对称独立基础底板配筋长度减短 10% 构造

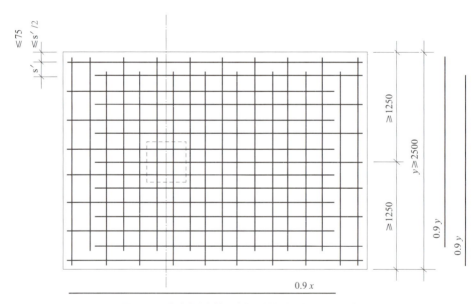

图 6.3.5　非对称独立基础底板配筋长度减短 10% 构造

　　当非对称独立基础底板长度大于或等于 2500mm，但该基础某侧从柱中心至基础底板边缘的距离小于 1250mm 时，钢筋在该侧不应减短。

　　独立基础底板配筋长度减短 10% 构造在钢筋设置的"计算设置"中有对应设置，"计算规则"选择"基础"，在独立基础中"独基受力筋长度计算设定值"中设置，软件默认长度为 2500，当边长 ≥ 2500 时，则执行计算规则"独立基础边长 ≥ 设定值时，受力钢筋长度为"中设置的规则，默认选项为"四周钢筋：边长 $-2 \times bhc$，其余钢筋：0.9× 边长"，同时提供了"0.9× 边长""边长 $-2\times$ 保护层""0.9×（边长 $-2\times$ 保护层）"多种选项，可根据工程实际情况灵活设置，如图 6.3.6 所示。

图 6.3.6　独立基础底板配筋长度减短设置

6.4　条形基础

本节主要讲解条形基础的特殊构造在软件中的处理技巧和思路。

条形基础底板配筋长度减短 10% 构造：

22G101-3 图集中，当条形基础底板宽度大于或等于 2500mm 时，可采用配筋长度减短 10% 的构造。板配筋长度可取底板长度的 0.9 倍，并且要交错设置。但需注意，底板交接区的受力钢筋和无交接底板时端部第一根钢筋不应减短，如图 6.4.1 所示。

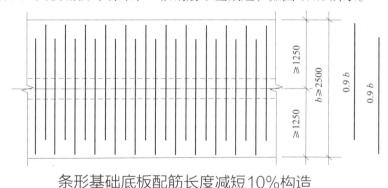

条形基础底板配筋长度减短10%构造

（底板交接区的受力钢筋和无交接底板时端部第一根钢筋不应减短）

图 6.4.1　条形基础底板配筋长度减短 10% 构造

条形基础底板配筋长度减短 10% 构造在钢筋设置的"计算设置"中有对应设置，"计算规则"选择"基础"，在条形基础中"条形基础受力筋长度计算设定值"中设置，软件默认长度为 2500，当边长 ≥ 2500 时，则执行计算规则"条形基础宽度≥设定值时，受力钢筋长度为"，默认选项为"0.9× 宽度"，同时提供了"宽度 −2× 保护层""0.9×（条基宽度 −2× 保护层）"多种选项，可根据工程实际情况灵活设置，如图 6.4.2 所示。

计算设置			_ □ ×

计算规则　节点设置　箍筋设置　搭接设置　箍筋公式

		类型名称	设置值
板 / 坡道	1	□ 公共设置项	
叠合板(整厚)	2	纵筋搭接接头错开百分率	50%
组合板(混凝土)	3	锚固区混凝土强度等级值	取自身混凝土强度等级
预制柱	4	□ 条形基础	
预制梁	5	条形基础边净第一根钢筋距基础边的距离	min(75,s/2)
预制墙	6	条形基础受力筋长度计算定值	2500
	7	条形基础宽度≥设定值时,受力钢筋长度为	0.9*宽度
空心楼盖板	8	相同类别条形基础相交时,受力钢筋的布置范围	0.9*宽度
主肋梁	9	非贯通条基分布筋伸入贯通条基内的长度	宽度-2*保护层
次肋梁	10	非贯通条基受力钢筋伸入贯通条基内的长度	0.9*(基宽宽度-2*保护层)
	11	条基与基础梁平行重叠部位是否布置条基分布钢筋	
楼梯	12	L形相交时条基受力钢筋是否贯通	是
基础	13	条形基础受力筋、分布筋根数计算方式	向上取整+1
	14	条形基础无交接底端端部构造	按照平法22G101-3计算
基础主梁 / 承…	15	□ 独立基础	
	16	独立基础边净第一根钢筋距基础边的距离	min(75,s/2)

图 6.4.2　条形基础底板配筋长度减短 10% 构造软件设置

6.5　基础特殊构造

本节主要说明各类基础之间的扣减关系、基础防水处理、异形基础构件处理思路。由于各类基础形式（如独立基础、条形基础、桩基础等）规则复杂，扣减关系烦琐，有些不规则形状的基础在软件中无法直接处理，因此掌握这些异形基础的灵活出量的方法和思路，是实现实际工程中异形基础举一反三的关键。只有将思路和方法烂熟于心，才能在面对不同形状复杂的异形基础问题时触类旁通，灵活运用所学，实现从"学会"到"会学"的跨越。

6.5.1　筏板钢筋的扣减

实际工程中，基础类型往往不是单一的，而是多种基础构件同时存在，当不同的基础构件交接时，筏板钢筋遇独立基础、条形基础是否扣减，依设计要求、计算规则及实际情况而定。若共同受力，设计要求钢筋连续，通常不扣减；若有构造缝、功能区分或计算规则明确，按规定扣减相应范围钢筋。在软件中的处理则需要结合构件属性与计算设置，接下来分别介绍。

1. 筏板钢筋与独立基础、条形基础、桩承台的扣减

当筏形基础与独立基础、条形基础、桩承台连接时，钢筋是否扣减需要结合设计要求，常见的构造要求如图 6.5.1 所示。

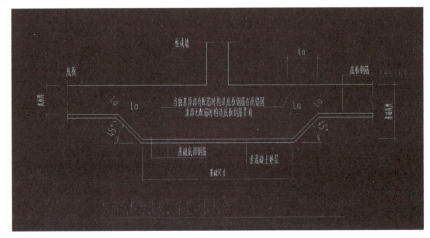

图 6.5.1　筏形基础与独立基础、条形基础的连接构造

　　软件中针对设计构造的要求，需要结合构件属性与计算设置进行处理。首先要处理的是钢筋扣减的问题，在独立基础、条形基础、桩承台的钢筋业务属性中"是否扣减筏板底/面筋"作为控制开关，软件提供了"全部扣减""不扣减""隔一扣一"三种选项，可以根据设计构造灵活选择，如图 6.5.2 所示。

图 6.5.2　是否扣减筏板底筋面筋

　　其次要解决筏形基础钢筋遇承台/独立基础/承台梁/基础联系梁/条形基础时钢筋的伸入长度，这需要在"节点设置"中处理，具体流程为：在工程设置页签中的钢筋设置点击"计算设置"→切换至"节点设置"页签→选择基础→选择第 12 条：筏形基础钢筋遇承台/独基/承台梁/基础联系梁/条基构造→点开更多按钮→选择节点→根据图纸设计要求录入信息→确认完成，如图 6.5.3 所示。

图 6.5.3　筏板钢筋伸入长度设置

2. 筏板钢筋与基础梁的扣减

当筏板上有基础梁时，筏板钢筋的具体构造根据设计要求，软件中通过"计算设置"调整。具体操作流程为：在工程设置页签中的钢筋设置点击"计算设置"→在"计算规则"中选择基础→在筏形基础部分计算规则第 27 条、第 28 条、第 29 条中进行相关设置，如图 6.5.4 所示。

图 6.5.4　筏板钢筋与基础梁相交设置

6.5.2　防水面积的计算

在软件中，通过建模可以快速地计算基础钢筋、模板及混凝土的工程量，除此之外还需要统计防水面积。在软件中要快速方便地统计防水面积，需要先了解软件是怎么出量的。在使用"查看计算式"功能时，发现基础出量时有很多的面积工程量，如图 6.5.5 所示。

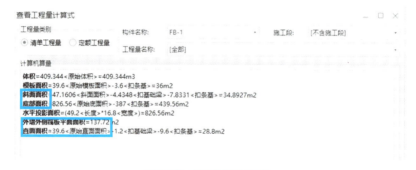

图 6.5.5　查看工程量计算式

这些面积与基础的具体对应关系，可以参考图 6.5.6。

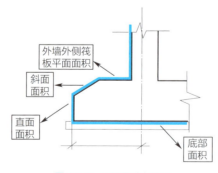

图 6.5.6　工程量对应关系

由图 6.5.6 可知，基础防水面积 = 底面面积 + 直面面积 + 斜面面积 + 外墙外侧筏板平面面积，所以充分利用这几个工程量对应的代码，便可以快速统计防水面积。

具体操作流程为：

（1）选择已经绘制好的筏形基础，点击菜单栏的"定义"按钮，进入定义界面，如图 6.5.7 所示。

图 6.5.7　筏形基础定义界面

（2）添加清单套取卷材防水清单或定额子目→点击工程量表达式空格→在下拉菜单中选择"更多"，如图 6.5.8 所示。

图 6.5.8　添加防水清单或定额

（3）在弹出的工程量表达式表格中选择"追加"，然后分别选择斜面面积、底部面积、外墙外侧筏板平面面积、直面面积代码并录入框中，如图 6.5.9 所示。

图 6.5.9　工程量表达式添加代码

（4）软件会根据所绘制的筏形基础模型和设置的工程量代码，自动计算筏形基础的防水面积。

6.5.3　集水坑

集水坑一般由坑底、坑壁、盖板、爬梯、防水等部分组成，在算量时存在形状不规则、钢筋布置复杂、与其他构件扣减关系难处理等难点。在软件中要高效且准确地统计集水坑的钢筋、混凝土、模板工程量，需要先了解软件中集水坑属性及参数图与工程实际图纸的对应关系。

1.定义集水坑

在土建计量 GTJ 中处理集水坑，主要思路是先进行图纸分析，然后完成模型建立。准确定义集水坑需要仔细研读结构施工图中关于集水坑的设计说明，明确集水坑的位置、尺寸、深度、坡度、钢筋配置等具体要求，以及与其他构件（如筏板基础、基础梁等）的连接方式和相互关系，并将图纸信息与软件属性一一对应。软件中集水坑属性信息如图 6.5.10 所示。

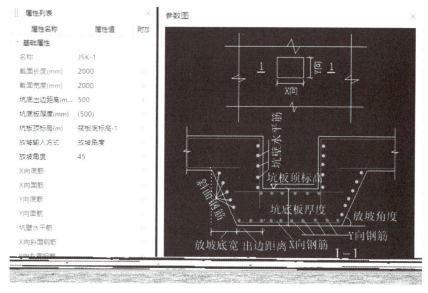

图 6.5.10　集水坑属性信息

集水坑的属性信息条目多，为帮助读者更好地理解，接下来以实例图纸为大家一一对应"坑底出边距离""坑底板厚度""坑板顶标高""放坡角度"等属性，如图 6.5.11 所示。

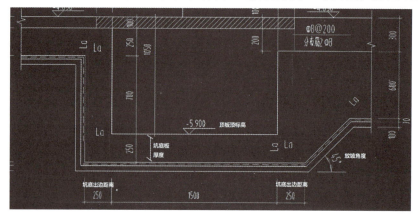

图 6.5.11　集水坑尺寸信息与工程图纸对应关系

软件集水坑参数图中 x/y 向底筋面筋，就是坑底板的上部和下部钢筋；坑壁水平筋就是坑壁上的点状钢筋；x/y 向斜面钢筋就是放坡斜面处的钢筋。集水坑属性中钢筋信息与实例工程图纸的对应关系如图 6.5.12 所示。

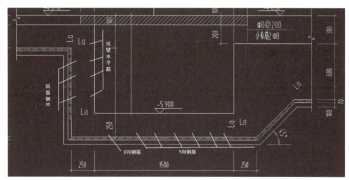

图 6.5.12　集水坑钢筋信息与工程图纸对应关系

根据图纸标注信息，在属性编辑框中录入信息即可。

2. 集水坑放坡

实际工程中，由于地质条件不均，不同方向土体性质差异大；周边环境有影响，如靠近建筑、管线；结构受力需求有别，某边需承受更大的侧向压力等原因，会存在各边放坡角度不同的情况，如图 6.5.12 所示，一侧放坡角度为 45°，另一侧为 90°，这种情况在软件中可以使用"调整放坡"功能处理，具体操作流程为：导航栏选择集水坑构件→在集水坑二次编辑中点击"调整放坡"→绘图区选择需要调整放坡的集水坑，单击鼠标右键确认→单击鼠标左键选择需要调整放坡的边，单击鼠标右键确认→在"设置集水坑放坡"弹窗中修改角度→点击"确认"，设置完成，如图 6.5.13 所示。

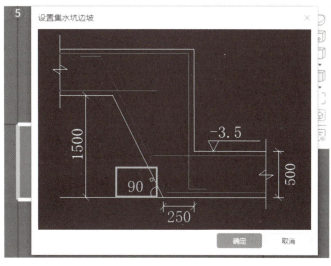

图 6.5.13　设置集水坑边坡

"调整放坡"功能不仅可以调整放坡，还可以处理集水坑各边出边距离不同的情况，根据图纸灵活处理即可。需要注意的是，在软件中 90° 基础坑的侧面无法生成垫层，可以将放坡角度修改为 89.9°，变通处理，即可在斜面布置垫层。

第7章 土方专题

实际工程中，一般无法在建筑图中找到土方的信息，因为工程图纸通常包括建筑设计图、结构设计图、水电安装图等，它们主要关注建筑物的结构、外观、设备布置等方面。而土方工程的具体内容往往需要在施工前进行详细地地质勘察和施工方案设计，并根据现场实际情况灵活调整，这部分内容通常在施工组织设计、施工方案或土方工程专项设计图中详细呈现，而不是在常规的建筑设计图纸中。在土建计量 GTJ 中，土方模块分为土方、回填（基础回填、房心回填）两类（图7.1.1），其中土方系列构件负责开挖与素土回填的计算；回填系列构件负责基础开挖后的灰土回填，主要是室外部分；房心回填适用于室内的回填，需要配合装修中的房间构件计算。下面针对土方和回填两类构件，分别从属性解析、建模方法进行阐述。

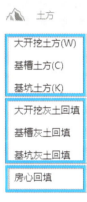

图 7.1.1 土建计量 GTJ 中土方模块

7.1 土方开挖

7.1.1 土方属性解析

土方的工程量需要计算开挖、回填、外运等，土方开挖分为不同的开挖形式，《房屋建筑与装饰工程工程量计算标准》GB/T 50854—2024 中明确沟槽、基坑土石方的划分：基础土石方中，底宽≤3m 且底长＞3 倍底宽的为沟槽，超出上述范围的为基坑。底宽、底长均不包含工作面尺寸。在土建计量 GTJ 中，土方构件的属性需要注意开挖深度、工作面宽、放坡系数。

1. 开挖深度

《房屋建筑与装饰工程工程量计算标准》GB/T 50854—2024 中给出了开挖深度的说明。基础土方的开挖深度，自预设标高算至基础（含垫层）底标高，下有石方的算至土石分界线。基础石方开挖深度应按石方开挖前标高至基础（含垫层）底标高计算。

2. 工作面宽

土方工作面宽是指在土方开挖过程中，为确保施工人员操作、施工机械通行以及提供必要的安全空间而设定的挖掘区域宽度，对应的工作面宽在《房屋建筑与装饰工程工程量计算标准》GB/T 50854—2024 中也给出了说明，如图 7.1.2 所示。

A.4.6　挖沟槽、基坑土石方的工作面宽度应按设计要求进行计算,无设计要求时可按表A.4.6-1、表A.4.6-2 计算。

表A.4.6-1 基础施工所需工作面宽度计算表

基础材料	每边各增加工作面宽度（mm）
砖基础	200
浆砌毛石、条石基础	250
混凝土基础、垫层（支模板）	600
基础垂直面做砂浆防潮层	400（自防潮层面）
基础垂直面做防水层或防腐层	1000（自防水层或防腐层面）
支挡土板	100（在上述宽度外另加）

图 7.1.2　基础施工所需工作面宽度计算表

3. 放坡系数

土方放坡系数是指土壁边坡坡度的底宽 b 与基高 h 之比如图 7.1.3 所示。

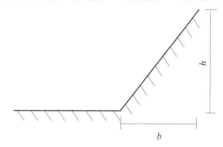

图 7.1.3　土方放坡示意图

7.1.2　土方的布置与调整

1. 如何布置土方?

主要有三种方式,如表 7.1.1 所示。

土方生成方法　　　　　　　　　　　　　　　　　　表 7.1.1

序号	方法	方法描述	适用场景
1	绘图	（1）定义好土方构件属性; （2）采用"直线""弧线""矩形"的方式绘制	在没有布置基础和垫层时,需要计算土方工程量可以直接绘制
2	智能布置	（1）定义好土方构件属性; （2）点击"智能布置",可根据"外墙外边线""面式垫层""桩承台""筏形基础""自定义独基"生成土方	适用于已经提前定义土方信息,且布置完成基础或者垫层,根据基础或垫层的位置、形状生成土方
3	生成土方	无须提前定义土方构件属性,直接在垫层或者基础界面点击"生成土方"功能,然后在弹出的对话框中输入土方的属性等信息,点击确定（图7.1.4）	最常用的方式 已经布置完成基础或者垫层,根据基础或垫层的位置、形状生成土方

2. 生成土方的时候,应该注意哪些内容?

（1）土方布置方法中,第三种方法"生成土方"最为简单方便,是工程中常用的方法,操作方法如图 7.1.4 所示。

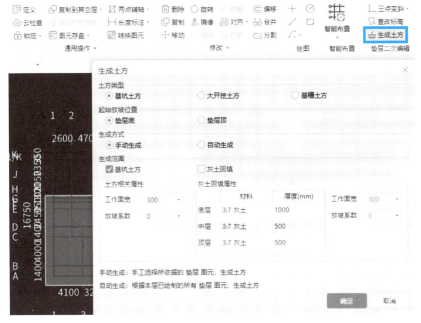

图 7.1.4　生成土方

　　起始放坡位置：生成土方时放坡起始位置有"垫层顶"和"垫层底"两种选项，区别如图 7.1.5 所示。

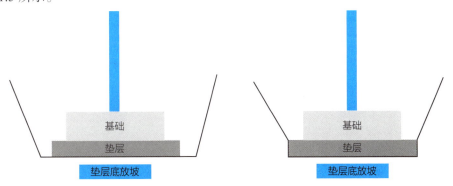

图 7.1.5　放坡起始位置示意图

　　（2）生成方式：

　　1）手动生成：点击确认后，需要手动选择需要布置土方的垫层，可选一个或者多个生成。

　　2）自动生成：无须选择垫层，当前层所有垫层位置都会生成土方。

　　（3）灰土回填属性：

　　生成土方后会自动计算素土回填工程量，如果是灰土回填则勾选"灰土回填"，输入对应的灰土回填厚度等信息。详细的灰土回填布置在"7.2 土方回填"节中再作阐述。

　　3. 土方的边放坡系数不同或工作面尺寸不同应如何处理？

　　土方生成或者绘制后，每个边的放坡系数和工作面宽度都是相同的，如果实际工程中有不同的放坡和工作面宽度，可以使用土方构件"二次编辑"中的"设置放坡""设置工作面"功能，选择需要调整放坡系数和工作面宽度的边即可，如图7.1.6所示。

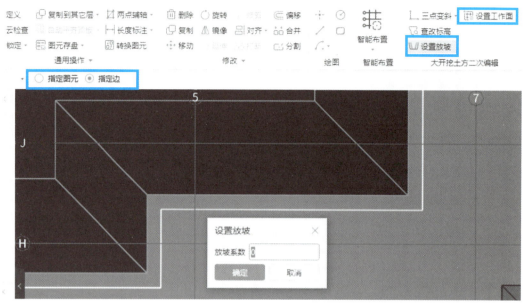

图7.1.6 　设置放坡、工作面方法

4. 多级土方处理

如果遇到多级放坡（图7.1.7），可以手动建立对应的多个土方构件，根据图纸分别调整属性信息，调整其高度、底标高、工作面宽、放坡系数，布置在对应位置即可。

案例信息：首层标高 -0.1m，室外地坪标高 -0.6m，基础底标高 -4.9m；独立基础下部尺寸 3.9m×3.9m，垫层厚 100mm，出边 100mm；工作面宽 300mm，放坡系数 0.33。

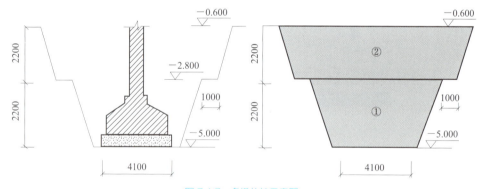

图7.1.7 　多级放坡示意图

处理方法如下：

（1）把土方拆分为上下①和②两个土方构件，深度均为 2.2m。

（2）计算土方坑底尺寸：

①号土方坑底长、宽 =3.9+0.1×2+0.3×2=4.7m

②号土方坑底长、宽 =3.9+0.1×2+0.3×2+2×2.2×0.33+2=8.152m

（3）确定标高：①号土方底标高 -5m；②号土方底标高 -2.8m。

（4）把确定的信息填写到属性中，依次绘制两个土方，如图7.1.8所示。

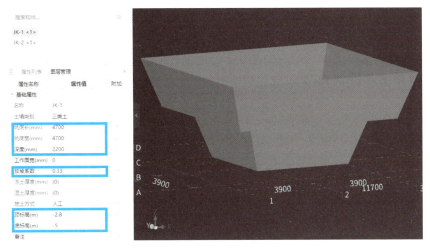

图 7.1.8　多级土方布置图

5.大开挖、基坑、基槽土方多种形式相交，如何扣减?

如图 7.1.9 所示，此工程绘制了大开挖土方、基槽土方、基坑土方，且互相相交，在土建计量 GTJ 中土方扣减计算的优先级是：大开挖土方 > 基坑土方 > 基槽土方，所以最终的计算结果如图 7.1.10 所示。

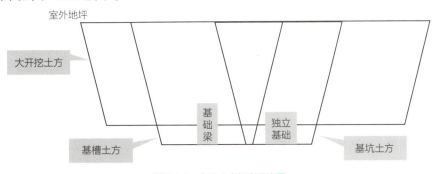

图 7.1.9　多种土方相交示意图

图 7.1.10　多种土方相交后计算结果示意图

7.2　土方回填

7.2.1　土方回填概述

土方回填，即建筑工程中的填土作业，主要包括基础回填、室内回填（房心回填）、室外场地回填平整等。本节主要对土建计量 GTJ 中基础回填和房心回填的计算进行说明。

基础回填和房心回填的区别：

（1）计算规则不同，以清单规则为例，《房屋建筑与装饰工程工程量计算标准》GB/T 50854—2024 中给出了回填方的计算规则，如图 7.2.1 所示：

010102007	回填方	1. 填方部位 2. 材料品种 3. 密实度	按设计图示尺寸以体积计算 1. 基础回填，按设计图示基础（含垫层）底面积另加工作面面积，乘以回填深度，减去回填范围内建筑物（构筑物）、基础（含垫层）、管道，以体积计算 2. 房心回填，按回填区的净体积计算	1. 运输 2. 回填 3. 压实

图 7.2.1　回填方清单计算规则

1）基础回填，按设计图示基础（含垫层）底面积另加工作面面积，乘以回填深度，减去回填范围内建筑物（构筑物）基础（含垫层）、管道，以体积计算。

2）房心回填，按回填区的净体积计算。

（2）位置不同

1）基础回填：在基础结构（如独立基础、条形基础、筏形基础等）或地下室外墙施工完成后，对基坑或基槽侧壁与基础之间的空隙回填至设计标高的过程。

2）室内（房心）回填：室外地坪和室内地坪之间的回填可以称为室内（房心）回填。分为两种常见情况，如图 7.2.2 所示。

①无地下室时，房心回填是指室内外地坪高差部分。

②有地下室或车库时，房心回填是指筏板顶标高到地下室或车库建筑地面做法底部的部分。

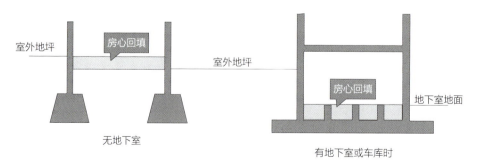

图 7.2.2　房心回填示意图

7.2.2　土方回填的软件处理

1. 素土回填

（1）素土回填无须单独绘制，在绘制完成土方后可以自动计算，素土回填的工程量在土方的工程量中查看，如图 7.2.3 所示。

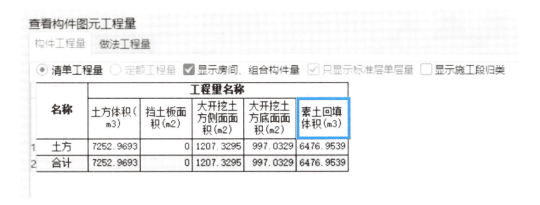

图 7.2.3　素土回填工程量

（2）在土建计量 GTJ 中绘制了封闭的墙体，素土回填工程量是否会自动扣减地下室的工程量？需要注意的是，如果封闭区域在地下非基础层，无须绘制"房间"，素土回填会自动扣减房间体积；而当封闭区域在基础层时（图 7.2.4），不会直接扣减，需要绘制"房间"后才可扣减。

图 7.2.4　基础层素土回填未扣减房间体积的情况

当前工程绘制了完整封闭的墙体，但是查看素土回填工程量时只扣减了剪力墙本身的体积，没有扣减剪力墙形成的房间体积，这是因为此封闭区域在基础层，需要在基础层绘制"房间"，需要使用"装修"模块中的"房间"进行绘制，这样就可以扣减了，如图 7.2.5 所示。

图 7.2.5 基础层绘制房间后素土回填即可扣减房间体积

2. 灰土回填

绘制完土方构件可以自动计算素土回填，如果需要计算灰土回填，则需要单独设置，常用的灰土回填的布置方式有"自动生成"和"手动布置"。

（1）自动生成，是指在垫层界面自动生成土方时，可以同时勾选灰土回填（图 7.2.6），可按照上下方向设置三层不同的灰土垫层，可设置灰土回填的工作面宽和放坡系数，如图 7.2.6 所示，输入灰土回填信息。

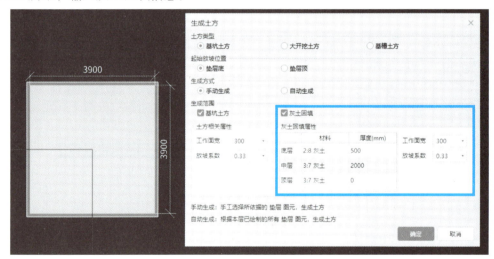

图 7.2.6 生成灰土回填

1）厚度：如图 7.2.6 所示为两种灰土回填，下方为 500mm 厚的 2：8 灰土；上方为 2000mm 厚的 3：7 灰土。

2）工作面宽：灰土回填的工作面宽 300mm，表示灰土回填的底边线和垫层底边线之间的距离为 300mm。

3）放坡系数：灰土回填的放坡系数设置为 0.33。

按照上述信息输入完成后，回填结果如图 7.2.7 所示。

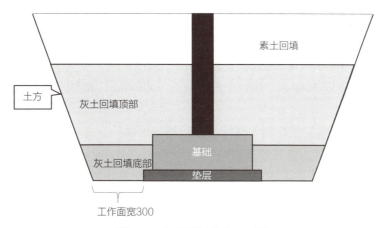

图 7.2.7 　灰土回填生成结果示意图

生成完成后，会在构件列表反建构件，并且该灰土回填构件由上下两个单元组成，属性中坑底长宽是自动计算的，基础长宽为 3900mm，垫层出边 100mm，所以坑底长宽为 4100mm，如图 7.2.8 所示。

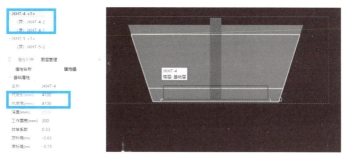

图 7.2.8 　反建灰土回填构件

（2）手动布置，灰土回填也可以按照新建构件→定义属性→绘制图元→查量提量的顺序手动布置。以大开挖灰上回填案例阐述手动布置的方法。

案例信息：竖向灰土回填尺寸 500mm，筏板外放 100mm；垫层出边距离 100mm，如图 7.2.9 所示。

图 7.2.9 　竖向灰土回填案例

1）新建构件，因为灰土回填有时分为不同的材质，所以需要建立灰土回填单元，此案例材质相同，可建立一个灰土回填单元。

2）定义属性，父图元需要输入工作面宽、放坡系数、标高；灰土回填单元需要选择材质、输入深度。

①工作面宽是指回填底部外边线与垫层边线之间的距离，筏形基础外放 100mm，垫层出边 100mm，回填宽度 500mm，所以工作面宽为 500-100-100=300mm。

②放坡系数为 0。

③标高：底标高为垫层底标高，顶标高会根据回填单元的高度自动计算。

④灰土回填单元深度，按照案例信息深度为 2.6-0.3=2.3m。

3）绘制图元，因为工作面宽是距离垫层边的距离，此案例建议按照垫层"智能布置"。布置完成后，通过"局部三维"查看布置效果，如图 7.2.10 所示。

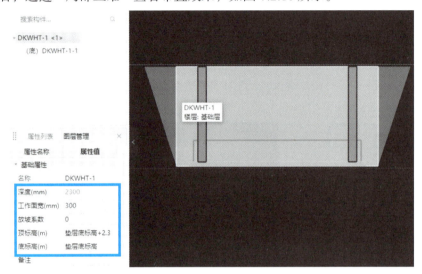

图 7.2.10　大开挖灰土回填布置图

4）查量提量，灰土回填会自动扣减外墙形成的房间，区别于素土回填，无论墙封闭区域是在基础层还是地下室，无须绘制房间，均可以自动扣减，如图 7.2.11 所示。

图 7.2.11　大开挖灰土回填计算式

综合素土回填及灰土回填的内容，对于回填是否会自动扣减墙围成的封闭区域，可总结为表 7.2.1。

回填扣减墙围成封闭区域的说明　　　　　　　　表 7.2.1

回填是否扣减墙封闭区域		
回填土种类	墙封闭区域在地下非基础层	墙封闭区域在基础层
素土回填 包括大开挖素土回填、基槽素土回填、基坑素土回填	只要墙围成封闭区域就会直接扣减	要扣减时，需要定义并绘制"房间"构件
灰土回填 包括大开挖灰土回填、基槽灰土回填、基坑灰土回填	只要墙围成封闭区域时就会直接扣减	

3. 房心回填

房心回填需要定义厚度，绘制到对应位置。如果有封闭的墙区域，可以通过"点"快速布置，也可以按照"房间"智能布置，布置完成后按照主墙之间的净面积 × 回填土厚度计算。

综合本节内容，回填的计算可总结为表 7.2.2。

不同回填土计算方式　　　　　　　　表 7.2.2

回填土分类		计算方式	绘制方式
室内回填		房心回填土工程量 = 主墙之间的净面积 × 回填土厚度	定义房心回填厚度，进行绘制
基础回填	灰土回填	以清单计算规则为例，按实际回填体积以立方米计算	自动生成土方—属性窗口进行修改，或单独绘制灰土回填
	素土回填	工程量 = 挖土体积 – 室外地坪以下埋设的基础、垫层等所占的体积 – 灰土回填工程量 – 房间所占体积	无须绘制，通过查看土方计算式进行提量

第8章 节点专题

8.1 节点整体概述

1. 什么是节点？

建筑图中的节点是指建筑物中各种结构构件（如梁、柱、墙等）之间的连接点或交汇点，以及一些特殊的节点（女儿墙节点、挑檐天沟节点等）（图 8.1.1），本章主要阐述特殊复杂的节点在土建计量 GTJ 中的处理方法。

图 8.1.1 节点示意图

2. 常见的节点类型

常见的节点类型有腰线节点、挑檐节点、栏板节点、挑板节点、飘窗节点、女儿墙节点、空腔节点等。实际工程中经常会出现集中节点组合的情况，如图 8.1.2 所示。

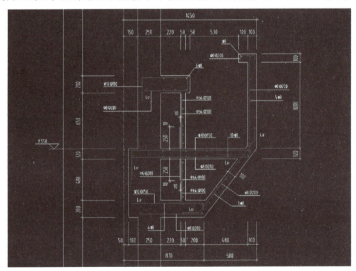

图 8.1.2 复杂组合节点

3. 节点需计算哪些工程量?

节点需要计算的工程量包括钢筋重量、混凝土体积、模板面积、装饰面积、保温面积、防水面积等。实际工程中节点繁多,且节点的截面往往都是异形的,复杂组合的节点还需要根据各地规则拆分成多个部分计算工程量。

4. 节点大样图中包含哪些信息?

节点大样图是把房屋构造的局部要体现清楚的细节用较大的比例绘制出来,表达出构造做法、尺寸、构配件相互关系和建筑材料等,一般会分为节点结构图和节点建筑图。节点建筑图主要表达其做法和材料使用,节点结构图表一般包含节点的尺寸标注、钢筋标注、标高信息、补充说明及索引标注等,如图 8.1.3 所示。

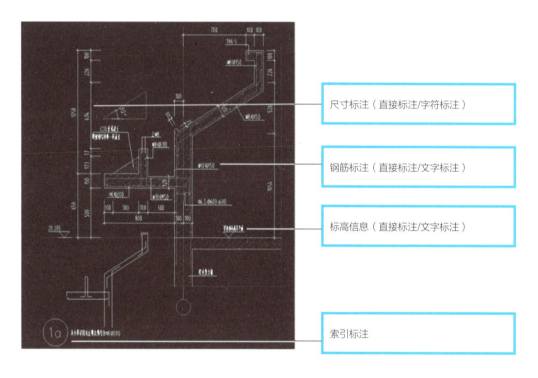

图 8.1.3　节点结构图

8.2　节点建模技巧

8.2.1　土建计量 GTJ 中哪些构件可以处理节点?

软件中常用的可以处理节点的构件有栏板、挑檐、圈梁、自定义线、自定义节点等。

由于异形自定义线操作步骤与挑檐相同,且自定义线只与自定义点有扣减规则,与其他构件无扣减规则,应用的场景较少,将不再重点讲解,本节着重为大家讲解挑檐及自定义节点的操作。

8.2.2　挑檐的处理流程

挑檐的处理流程包括:图纸整理→新建挑檐→修改标高→截面编辑→模型绘制→装饰处理→工程量查量。以图 8.2.1 所示挑檐节点为例进行阐述。

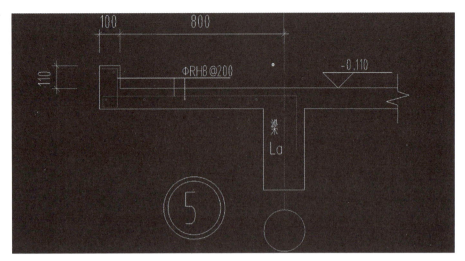

图 8.2.1　挑檐节点

（1）图纸整理：图纸整理为基本准备工作，主要有四个步骤：添加图纸→分割图纸→设置比例→查找替换。

1）添加图纸：将挑檐节点图及平面图添加到软件中。

2）分割图纸：由于节点图都是放大图，因此将节点大样图通过"手动分割"拆分出来。

3）设置比例：通过"设置比例"确定实际尺寸，将节点大样图的尺寸设置正确。

4）查找替换：如果实际图纸中出现软件无法识别的文字内容、特殊符号等，可以通过"查找替换"进行修改，如图 8.2.2 所示。

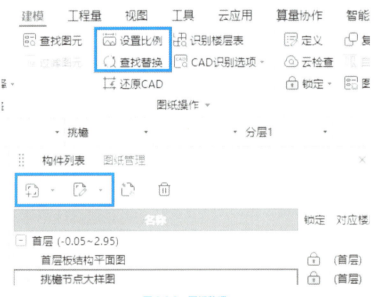

图 8.2.2　图纸整理

（2）新建挑檐：图纸设置完成后，进行第二个流程：新建挑檐，点击"新建线式异形挑檐"，软件会弹出异形截面编辑器，可以选择"从 CAD 中选择截面图""在 CAD 中绘制截面图"和"设置网格"三种方式绘制截面，如图 8.2.3 所示。

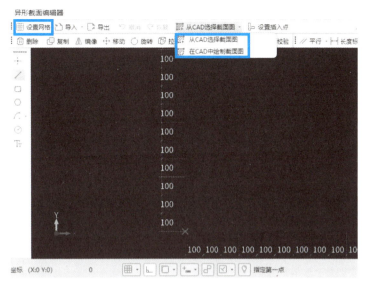

图 8.2.3　异形截面建立的三种方式

1）从 CAD 中选择截面图：适用于截面线条能够形成封闭区域的大样，通过选择封闭的 CAD 线条完成截面建立。

2）在 CAD 中绘制截面图：适用于截面线条没有形成封闭区域的大样，通过捕捉 CAD 线交点绘制截面图。按图纸的轮廓进行描图，绘制时可以结合正交捕捉等方法，会更加快捷和准确；如果在绘制过程中绘制错误，可以通过 Ctrl+ 左键回退一步继续绘制。截面绘制完成后，需要设置插入点，建议设置在平面图中可以捕捉的位置。

3）"设置网格"手工绘制：适用于没有 CAD 图纸或截面形状比较规则的大样，通过"定义网格"，按大样图定位点，水平方向从左到右输入间距，用逗号隔开，垂直方向从下向上输入间距，手工绘制出截面图。

（3）截面编辑：属性列表下方"截面编辑"（图 8.2.4），主要是绘制钢筋，布置流程：绘制纵筋→绘制横筋→修改标高。

图 8.2.4　截面编辑

1）绘制纵筋：点击属性列表左下角"截面编辑"按钮，进行钢筋布置，选择"纵筋"，软件提供"点""直线""三点画弧""三点画圆"四种布置方式。图纸钢筋信息直接给出根数的可使用"点"绘制（图 8.2.5）；图纸中钢筋信息以间距呈现的使用"直线"绘制。直线绘制时如果"起点"和"终点"无须布置钢筋，可将"起点"和"终点"的"√"去掉再进行绘制（图 8.2.6）。同时，绘制时要注意区分"水平"或"垂直"（图 8.2.6），因为两种类型的节点设置不同，可以按相应设置进行选择，如图 8.2.7 所示。

图 8.2.5　点画纵筋

图 8.2.6　直线绘制纵筋

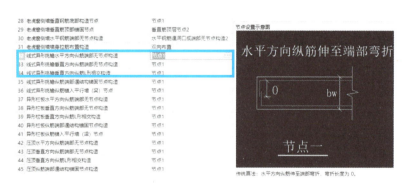

图 8.2.7　线性异形挑檐节点构造

2）绘制横筋：横筋布置同样有"直线""矩形""三点画弧""三点画圆"四种布置方式。以常用的"直线"绘制为例，可以捕捉纵筋点或者参考线的交点（可结合 Shift+ 鼠标左键偏移距离）。注意区分直筋或箍筋，直筋无弯钩，箍筋有弯钩；绘制完成后，可以通过"编辑弯钩"功能调整角度或取消弯钩，"编辑端头"功能可以设置钢筋锚入构件的长度，如

图 8.2.8 所示。

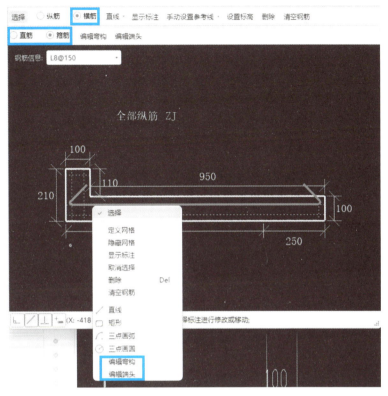

图 8.2.8　绘制横筋

3）修改标高：截面绘制完成后，需要在属性列表中修改节点名称及标高，名称设置时可结合方便提量或计价的方式进行命名，同时还需修改挑檐的起点顶标高、终点顶标高，尽量使用相对标高，如图 8.2.9 所示。

图 8.2.9　修改节点名称及标高

（4）模型绘制：通过"直线绘制"或"智能布置"两种方式绘制模型。绘制过程中可通过键盘上的"F4"改变插入点，有的计算机需要同时按下"Fn+F4"。绘制完成后如果方向不对，可以通过"调整方向"进行转换；同时注意捕捉点的选择以保障各节点的准确性，绘制过程中转角处会自动延伸闭合以保证算量的准确性，软件还提供了"局部三维"，可清晰直观地判断截面的准确性，通过这些方法可以快速准确地绘制模型。

（5）装修处理：可以使用"自定义贴面"功能快速处理节点的装修及防水等。在"自定义贴面"构件下"新建"对应贴面；选择对应的"做法类型"；修改"显示样式"中"材质纹理"属性（图8.2.10），选择材质纹理对工程量没有影响，只是为了看起来更加清晰真实。软件支持动态三维下任意面"点"画，还可以通过"智能布置"快速按照截面图布置各个位置处的做法，如图8.2.11所示。

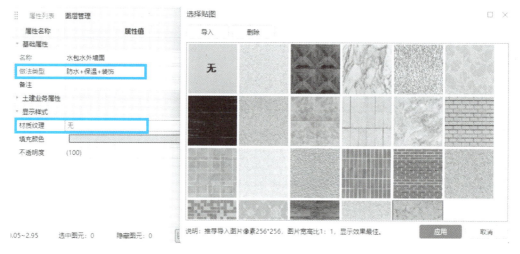

图 8.2.10　自定义贴面新建及材质纹理

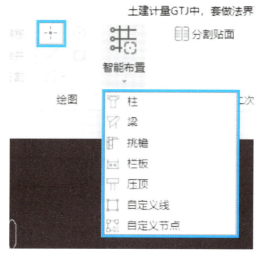

图 8.2.11　挑檐装修软件操作

（6）规则调整：软件内置挑檐及自定义贴面计算规则，可以根据实际需要进行调整从而准确出量，如图8.2.12、图8.2.13所示。

图 8.2.12　挑檐计算规则

图 8.2.13　自定义贴面计算规则

（7）汇总查看工程量：汇总计算后，可以查看构件土建部分、钢筋部分及自定义贴面的工程量，如图 8.2.14 所示。

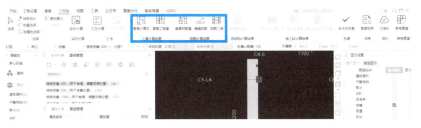

图 8.2.14　查看工程量

8.2.3　自定义节点的处理流程

第二种常用的节点处理方式是使用"自定义节点"处理，用"自定义节点"处理异形节点有以下方面的优势：

1. 截面形状上

（1）支持一个或多个、连续或非连续截面的手动绘制，也可绘制空腔截面，无图纸情况下也能完成轮廓创建。

（2）支持智能识别 CAD，提取节点轮廓线，可按照图层识别、按照单图元选择、按照颜色选择，快速完成轮廓创建。

（3）按照图纸要求，自定义插入点位置，灵活设置插入点标高。

2. 钢筋编辑上

（1）支持 CAD 智能识别点筋、线筋位置及标注信息，快速创建钢筋。

（2）支持手动点式、画线、选线布置点筋；手动画线布置线筋。

（3）结果检查，方便查改识别结果。

3. 构件拆分上

（1）支持按照设计或定额要求拆分截面，操作便捷易用。

（2）支持对拆分的不同子截面设置其计算类别，子截面灵活出量。

（3）拆分后构件按照归属构件的计算方法，并且量会自动归于对应构件。

自定义节点的处理流程包括：准备工作→新建自定义节点→模型绘制→装修处理→规则调整→查看工程量。

1. 准备工作

建立截面前需要先完成图纸的处理，方法同前文 8.2.2 节准备工作的内容，此处不再赘述。

2. 建立截面

（1）新建自定义节点：点击"新建自定义节点"后会自动弹出"编辑自定义节点"对话框，点击"框选图纸"功能，可以把 CAD 图纸中想要处理的节点图纸单独框选出来，可以在此处进行设置比例、旋转图纸等操作，如图 8.2.15 所示。

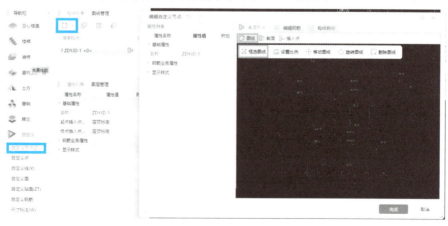

图 8.2.15　新建自定义节点

（2）截面处理：点击"截面"，通过"选择轮廓"功能智能识别 CAD，按图层或者按颜色提取节点整体轮廓，如果选择不全可以使用"单图元选择"或"绘制轮廓"进行补充；对于不需要生成截面的位置，可使用"删除轮廓"功能；轮廓选择完成后，点击"生成截面"即可完成节点的截面建立（自定义节点支持空腔截面），如图 8.2.16 所示。

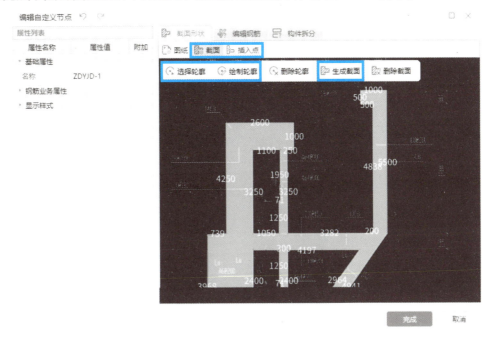

图 8.2.16　自定义节点生成截面

（3）设置插入点：建立完成后，点击"插入点"，并灵活设置插入点标高。

3. 编辑钢筋

在编辑自定义节点对话框中，点击"编辑钢筋"，进入钢筋编辑界面，点击"识别钢筋"，根据左下角的提示选择钢筋线，可按图层快速选择，选择不全的可以用"单图元选择"进行补充，选择完成后单击鼠标右键确认，然后根据提示选择钢筋信息，单击鼠标右键确认选择，此时会根据所选钢筋线和标识自动生成钢筋，并进行钢筋结果的检查，信息匹配不对的可以直接在"钢筋信息"处修改，也支持"手动绘制钢筋""设置弯钩"等功能，如图 8.2.17 所示。

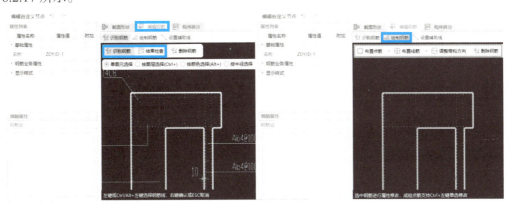

图 8.2.17　自定义节点编辑钢筋

4. 构件拆分

对于要把组合节点拆解成多种构件计算的情况，可以在编辑自定义节点对话框中，点击"构件拆分"，点击"手动拆分"，然后选择拆分的起点和终点，把完整的节点按照设计或定额规则要求进行拆分，拆分后可以根据需要选择计算类别，拆分后构件工程量会自动归于对应构件，并按相应规则扣减。例如计算类别选择挑檐，这部分量归属于挑檐构件，并按照挑檐规则与其他构件扣减，如图 8.2.18 所示。

图 8.2.18　自定义节点构件拆分

5. 模型绘制

可以根据图纸进行直线绘制以及弧线绘制（三点画弧），按插入点位置找到平面图上对应的线，通过直线或三点画弧等方式将自定义节点根据平面图进行绘制，在构件相交位置自动延伸闭合，绘制完成效果如图 8.2.19 所示。

图 8.2.19　自定义节点模型绘制

6. 装修处理

自定义节点的装修处理和挑檐的装修处理是相同的，都是采用"自定义贴面"功能进行装修布置，详细内容可参照前文 8.2.2 节装修处理内容，此处不再赘述。

7. 规则调整

软件中内置自定义节点单元及自定义贴面规则，可根据实际需要进行调整从而准确出量，如图 8.2.20 所示。

图 8.2.20　自定义节点计算规则

8. 查看工程量

钢筋结果提供钢筋三维及编辑钢筋；土建工程量按对应类别分别统计。

8.3　如何选择节点处理方式？

从提量、计价的角度进行分析区分，根据《房屋建筑与装饰工程工程量计算标准》GB/T 50854—2024，计算的分界线为当节点构件与楼板、屋面板连接时，以外墙外边线为分界线；与圈梁（包括其他梁）连接时，以梁外边线为分界线，外边线以外为挑檐、天沟、雨篷或阳台。除此之外，对于构件之间的划分也有对应计算规则的规定。

除了按清单规则划分外，各地区也有对应的定额规则进行区分，在实际工程中是没有统一标准的，需要根据本身图元属性与所属地区定额规则进行判定，按所属构件计算工程量。

各地区节点构件的划分计算规则差异较大（表 8.3.1），因为各地规则不断更新，表 8.3.1仅作为参考。

各地区节点构件的划分计算规则   表 8.3.1

栏板	天沟板、挑檐板	悬挑板	挑阳台	雨篷	女儿墙
按设计图示尺寸以体积计算，伸入砖墙内的部分并入计算（按实计算）	以外墙外边线为分界线；以梁外边线为分界线	按伸出外墙的梁、板体积合并计算按设计图示尺寸伸出外墙部分的水平投影面积计算	按设计图示尺寸以伸出墙外部分的体积计算	按设计图示尺寸以墙外部分体积计算	屋面混凝土女儿墙高度＞1.2m 时，执行相应墙定额项目，高度≤1.2m 时，执行相应栏板定额项目
江苏、天津、黑龙江、安徽、福建（无栏板计算描述）	北京，河北按实计算	凸出混凝土外墙面、阳台梁、栏板外侧的混凝土线条，宽度≤300mm 时，执行扶手、压顶项目，＞300mm 时，执行悬挑板项目（新疆、黑龙江、吉林、内蒙古、贵州、宁夏、江西、深圳、海南、西藏）	混凝土挑檐、阳台、雨篷的翻檐，总高度在300mm 以内时，按展开面积并入相应工程量内，超过300mm 时，按栏板计算（新疆、山东）	高度≤400mm 的栏板并入雨篷体积内计算，栏板高度＞400mm 时，其全高按栏板计算（辽宁、河南、山西、湖北、新疆、黑龙江、吉林、内蒙古、贵州、宁夏、江西、福建、西藏）	
栏板高度 1.2m 以下（含压顶扶手及翻沿）为栏板，1.2m 以上为墙（辽宁、广东、湖北、黑龙江、广西、海南）	山西、云南、四川、山东、江苏、湖北、甘肃、青海、福建、天津、河南、浙江（无挑檐天沟业务描述）			总高度在300mm 以内时，按展开面积并入相应工程量内，超过300mm 时，按栏板计算（山东）	
	挑檐、天沟壁高度≤400mm，执行挑檐项目；挑檐、天沟壁高度＞400mm，按全高执行栏板项目（河南、山西、天津、新疆、黑龙江、河北、吉林、内蒙古、贵州、宁夏、湖南、江西、海南、福建、西藏）	悬挑板伸出墙外500mm 以内按挑檐计算，500mm 以上按雨篷计算，伸出墙外1.5m 以上的按梁、板等有关规定分别计算（广东）	三面悬挑阳台，按梁、板工程量合并计算执行阳台定额项目；非三面悬挑的阳台，按梁、板规定计算；阳台栏板、压顶分别按栏板、压顶定额项目计算（宁夏、浙江）	雨篷翻边突出板面高度在200mm 以内时，并入雨篷内计算，翻边突出板面在600mm 以内时，翻边按天沟计算，翻边突出板面在1200 以内时，翻边按栏板计算；翻边突出板面高度超过1200mm 时，翻边按墙计算（湖北）	屋面混凝土女儿墙高度＞1.2m 时，执行相应墙定额项目，高度≤1.2m 时，执行相应栏板定额项目
现浇商品混凝土实心栏板厚度≤120mm 者，执行商品混凝土零星项目；厚度＞120mm 者，执行现浇商品混凝土墙项目（四川）	混凝土挑檐、阳台、雨篷的翻檐，总高度在300mm 以内时，按展开面积并入相应工程量内，超过300mm 时，按栏板计算（山东、辽宁）	"捣制悬挑梁板"是指现浇梁、圈梁侧面向外挑出＞30cm 的通廊、水平遮阳板、水平板带以及悬挑加劲板，凡板底与下一层板面（或地面）高在6m 以上者，执行"捣制挑沿、天沟、悬挑构件"子目。悬挑板底面与下层板面（或地面）高度在6m 以内者执行"有梁板"子目。悬挑宽度＜30cm 者并入相连的"梁"内计算（陕西）			

续表

栏板	天沟板、挑檐板	悬挑板	挑阳台	雨篷	女儿墙
挂板下垂高度≤30cm 者并入相应依附构件内计算，高度＞30cm 的挂板不论弯折几次，均按"栏板"（陕西）	天沟底板与侧板工程量应分别计算，底板按板式雨篷以板底水平投影面积计算，侧板按天、檐沟竖向挑板以体积计算（江苏）	混凝土飘窗板、空调板执行挑檐项目，如单体在 0.05m³ 以内执行零星构件项目（河北）	凹进墙内的阳台，按梁、板分别计算，阳台栏板、压顶及扶手分别按栏板、压顶及扶手项目计算（辽宁、河南、湖北、陕西、新疆、江西、西藏）	雨篷外侧立面高度＞30cm，但≤60cm 时，除套用一次雨篷子目外，其增高部分可另行计算外侧投影面积工程量后，套用栏板子目（陕西） 悬挑伸出墙外500mm 以内为挑檐，伸出墙外500mm 以上为雨篷（广西） 雨篷翻沿高度小于250mm 时并入雨篷体积内计算，高度大于250mm 时，另按栏板计算（浙江） 由柱支撑的大雨篷，应按照柱，板分别以体积计算（上海、陕西）	现浇混凝土栏板定额适用于垂直高度小于1.6m、厚度小于120mm 的栏板或女儿墙，如设计的栏板或女儿墙的垂直高度大于1.6m 或厚度大于120mm 的，应分别套用墙、柱及压顶定额

　　从绘制的合理性来看，在绘制模型时就要考虑提量或计价的工程量，对于单栏板节点，可直接选择栏板构件，后期装修的处理可以通过房间等方式快速处理；对于装饰线条节点，可选择自定义线构件，自定义线与其他构件没有扣减规则（只与自定义点有扣减）；对于单挑檐节点，即这个节点整体均可按挑檐构件计算工程量，则选择挑檐构件或自定义节点均可，自定义节点的计算类别选择挑檐后，工程量计算及计算规则也都按照挑檐进行计算；对于复杂节点（由多个不连续的截面组成，包含挑檐和栏板等两种以上构件的节点图）或者空腔截面（内部含有封闭区域的空心截面），可使用自定义节点进行处理，自定义节点可灵活拆分、合并构件，拆分后按各自构件计算类别出量及各自计算规则进行扣减。

　　从操作的便利性来看，自定义节点可以自动识别钢筋，更加高效准确；另外，构件可拆可合，复核审核阶段可以灵活处理构件变化。

　　从构件的统一性来看，为避免两个人同画一栋楼或同一个小区时构件不统一，造成提量、对量有难度，建议公司内部统一画法，例如：

　　（1）单栏板节点使用栏板构件绘制。

　　（2）压顶节点使用压顶构件绘制。

　　（3）挑檐节点使用挑檐构件绘制。

　　（4）装饰线条使用自定义线构件绘制。

　　（5）复杂组合节点使用自定义节点构件绘制。

　　因为各地计算规则的差异性以及个人操作习惯等因素，选择何种处理方式没有固定的答案，可基于本节内容选择适合实际工程的处理方式。

第3篇

特殊模块篇

前面的篇章主要为大家呈现了常用构件的处理方式，随着工程越来越复杂，广联达 BIM 土建计量平台 GTJ 也在不断增加新的模块，满足特殊的算量需求。本篇主要是对钢混模块、基坑支护模块从整体概述及软件处理两大部分进行阐述。

第 9 章　钢混专题

9.1　整体概述

钢混结构是型钢和混凝土的混合结构，是由混凝土、型钢、钢筋组合在一起的复杂结构类型，一般会在钢框架、高层型钢混凝土、零星钢构等建筑中使用。算量时需要计算土建工程量（混凝土体积、模板面积）、钢筋工程量（钢筋重量）及型钢工程量（型钢重量、钢板重量、预埋件重量、配件个数、防腐 / 防火涂料面积等）。

土建计量 GTJ 中的钢混模块，重点针对房建项目中型钢与混凝土组合结构业务，对于钢骨柱、钢管柱、楼承板等混凝土、型钢、钢筋组合在一起的复杂业务，可以一次性快速处理，简单高效，极大地降低了算量难度，提升算量效率，如图 9.1.1 所示。

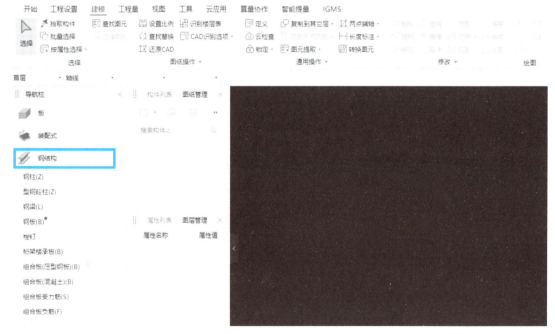

图 9.1.1　钢混模块

说明：钢混工程建模的整体思路与土建工程高度相似，本章只针对钢混模块中的核心功能进行说明，其他基础功能本章不单独说明。

9.2 软件处理

9.2.1 型钢混凝土柱软件处理

1.业务分析

常见的型钢混凝土柱有两种，一种是钢骨柱，其外侧是混凝土，里面是钢柱，组合在一起形成钢骨柱。另一种是钢管混凝土柱，外面是型钢，型钢内浇灌混凝土。从图纸表示上来看，型钢混凝土柱一般通过平面图和大样图进行表示，但均以组合形式呈现，图纸中同时呈现混凝土、钢筋、型钢等的信息（图 9.2.1）。从配筋排布上来看，内部钢筋更为复杂多样，型钢与钢筋交互排布、数量繁多，外侧箍筋样式也可能发生变化，且为了提高整体强度，可能会在型钢周边增加纵筋、拉筋 / 箍筋、并筋等，如图 9.2.2 所示。

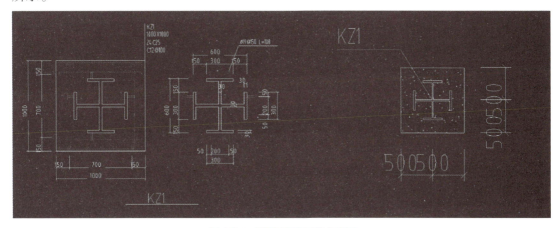

图 9.2.1 钢骨柱平面图及大样图

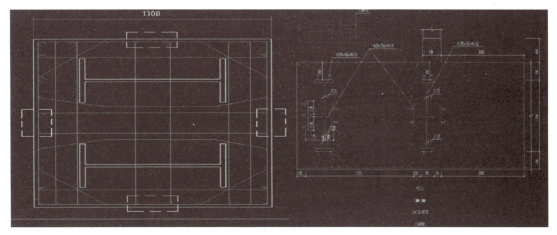

图 9.2.2 钢骨柱钢筋排布

算量时也与传统现浇构件略有差异，钢骨柱计算混凝土工程量时要注意扣减混凝土中包裹的型钢体积。型钢除了计算其重量外，也要考虑被混凝土包裹之后涂料面积的扣减等问题。而对于钢管混凝土柱，一般图纸中只提供钢柱尺寸，内灌的混凝土尺寸需要进行反算，并且外侧的型钢可以代替模板，所以相应的模板工程量需要进行扣减。

另外，型钢一般分为热轧型钢和焊接型钢，热轧型钢是加工的成品钢材，而焊接型钢出厂时不是成品钢材，是多块钢板焊接在一起形成的，它们的重量统计方式不同：热轧型钢一般按照国家标准延米重的理论重量计算，即重量 = 延米重 × 长度，面积 = 表面积（每米）× 长度；而焊接型钢则是通过体积 × 密度进行计算。

2. 软件处理

（1）钢骨柱

1）识别钢骨柱大样

软件可以通过"识别钢骨柱大样"功能将 CAD 图中的钢骨柱大样（含柱和钢柱）识别为软件中的构件。具体操作步骤为：点击"识别钢骨柱大样"→点击"提取砼柱边线"→点击"提取标注"→点击"提取钢筋线"→点击"提取型钢边线"→点击"点选识别"或"自动识别"，如图 9.2.3 所示。

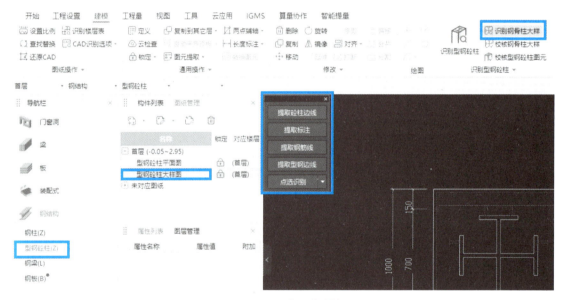

图 9.2.3　识别钢骨柱大样

软件识别时，对于大样图中的复杂钢筋及型钢截面都能自动识别，识别完成后对于有问题的钢筋、钢骨均可通过"截面编辑"功能进行调整，调整过程中可以参考 CAD 底图快速修改。并且软件采用的是组合式创建的方式，即该钢骨柱构件既包含混凝土柱部分，也包含钢骨柱部分，如图 9.2.4 所示。

2）识别型钢混凝土柱

软件通过"识别型钢砼柱"功能将 CAD 图中的型钢混凝土柱识别为软件中的图元，具体操作步骤为：点击"识别型钢砼柱"→点击"提取型钢砼柱边线"→点击"提取型钢砼柱标注"→点击"自动识别"（图 9.2.5）。识别完的三维效果如图 9.2.6 所示。

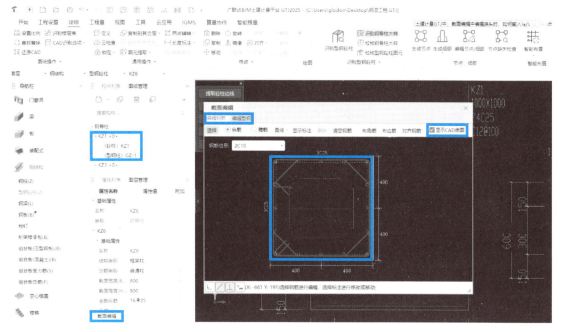

图 9.2.4　钢骨柱构件

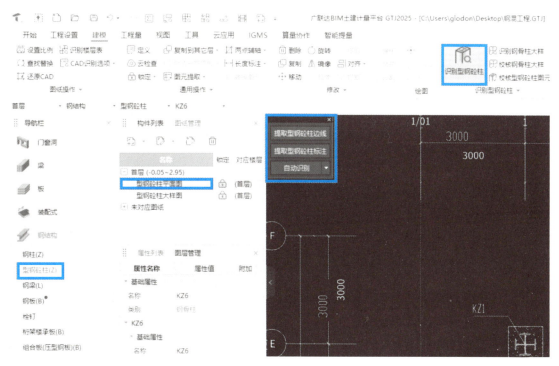

图 9.2.5　识别型钢混凝土柱

　　软件可以实现一次建模多维出量，并且混凝土与型钢重叠部分工程量会自动进行扣减。软件可通过"查看计算式"功能查看土建工程量（图 9.2.7），通过"编辑钢筋"或"查看钢筋量"功能查看钢筋工程量（图 9.2.8），通过"查看型钢量"功能查看型钢工程量，如图 9.2.9 所示。

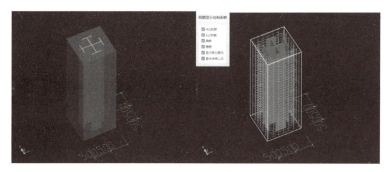

图 9.2.6　钢骨柱三维模型

图 9.2.7　钢骨柱工程量—土建

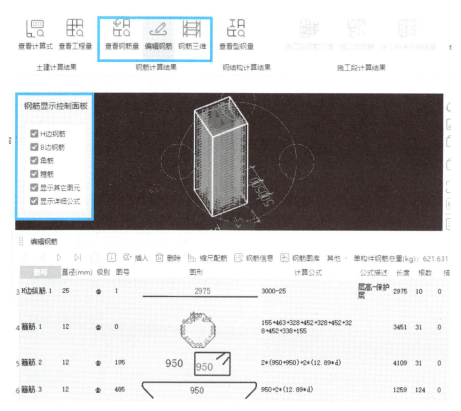

图 9.2.8　钢骨柱工程量—钢筋

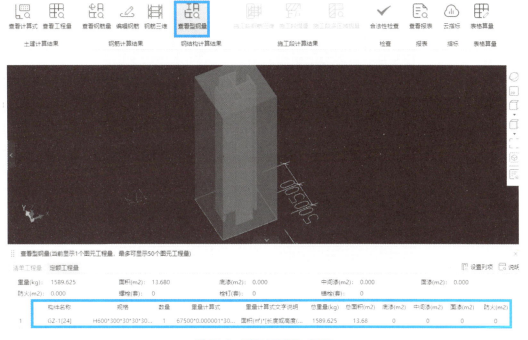

图 9.2.9 钢骨柱工程量一型钢

（2）钢管混凝土柱

钢管混凝土柱也可通过组合式构件进行创建，软件可以通过"新建"钢管混凝土柱完成构件建立，再通过"点"或者"智能布置"功能完成模型建立。具体操作步骤为：点击"新建钢管砼柱"→选择软件内置的参数化图形→修改尺寸信息→点击"确定"完成新建→点击"点""智能布置"或"识别型钢砼柱"功能完成模型建立（图 9.2.10）。三维效果如图 9.2.11 所示。

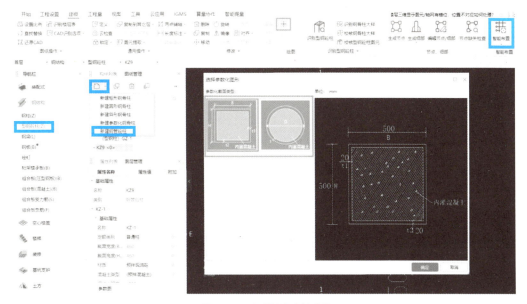

图 9.2.10 钢管混凝土柱建模

图 9.2.11   钢管混凝土柱三维模型

钢管混凝土柱同样可以实现一次建模多维出量，内灌混凝土自动反算，外侧型钢代替模板后模板工程量也会自动扣减，如图 9.2.12 所示。

图 9.2.12   钢管混凝土柱工程量扣减

9.2.2   钢柱钢梁软件处理

1. 业务分析

钢柱、钢梁是框架 / 劲性混凝土工程中的核心支撑 / 承重构件，其特点是体量大、规格多，图纸中会有大量主材信息，且不同楼层构件信息差异大，需反复校核构件信息及图元数量。手工统计过程烦琐且容易漏项，很难高效完成。

2. 软件处理

（1）钢柱

1）识别构件表

软件通过"识别构件表"功能批量完成构件建立，并且可跨构件识别，即如果钢柱钢梁的构件信息在同一张截面表中，可以一起进行构件识别并分别完成构件建立。具体操作步骤为：点击"识别构件表"→选择要识别的构件表→调整构件信息点击"识别"完成构件建立，如图 9.2.13 所示。

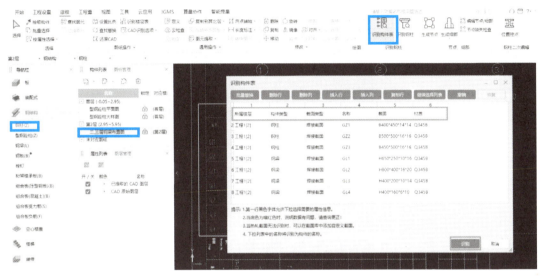

图 9.2.13　识别构件表

2）识别钢柱

软件通过"识别钢柱"功能将 CAD 图中的钢柱识别为软件中的图元，具体操作步骤为：点击"提取柱边线"→点击"提取柱标识"→点击"自动识别柱"，如图 9.2.14 所示。

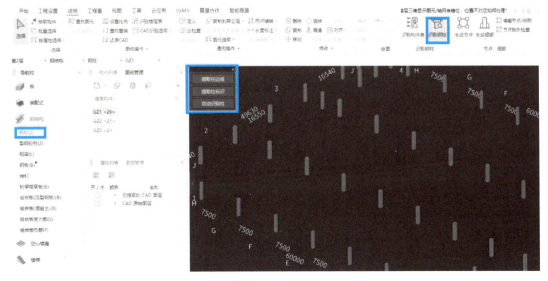

图 9.2.14　识别钢柱

（2）钢梁

钢梁的软件识别方式与钢柱基本一致，通过"识别构件表"功能完成构件建立，再通过"识别钢梁"功能完成模型建立（图9.2.15），具体操作步骤此处不再赘述。

图 9.2.15　识别钢梁

钢柱、钢梁识别完成后，均可通过"查看型钢量"功能查看具体工程量，如图9.2.16所示。

图 9.2.16　查看型钢量

9.2.3　节点/细部软件处理

1. 业务分析

节点是用于连接主次构件的重点部位，如柱梁节点、梁梁节点、柱柱节点、柱脚、预埋件等。节点组成零件多，钢板形状复杂多变，算量时一般需要结合三向视图判断具体需要计算的零件数量、尺寸等信息，并且需要考虑主次构件重叠位置扣减问题。实际工程中由于节点种类多、造型复杂多样、重叠部位多等问题，很难完成工程量的精准计算，如图9.2.17所示。

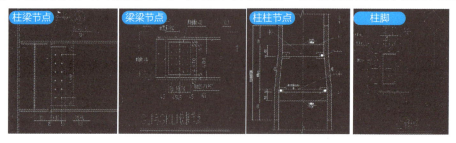

图 9.2.17　节点图

2. 软件处理

（1）生成节点 / 生成细部

软件中根据业务特性，将两个或多个钢构件连接的情况称为节点，将附属在单个钢构件上的情况（如柱脚）称为细部，所以在软件中处理节点使用"生成节点"功能，处理细部则使用"生成细部"功能。

对于"生成节点"功能，软件内置了节点库，通过"生成节点"功能可以根据对应构件智能匹配节点（图 9.2.18），节点参数可根据图纸实际情况灵活修改（图 9.2.19），设置完成后同类型节点可批量生成，且重叠位置、主材相交重复位置会自动扣减（图 9.2.20），具体操作步骤为：点击"生成节点"→选择需要生成节点的主次构件→选择适配节点→修改节点参数→选择生成范围→点击"确定"完成同类型节点的批量布置。

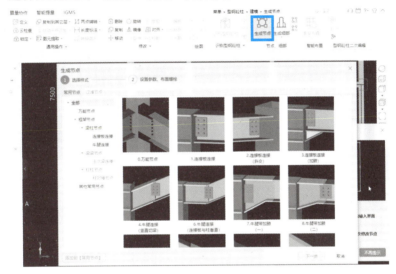

图 9.2.18　软件内置节点库

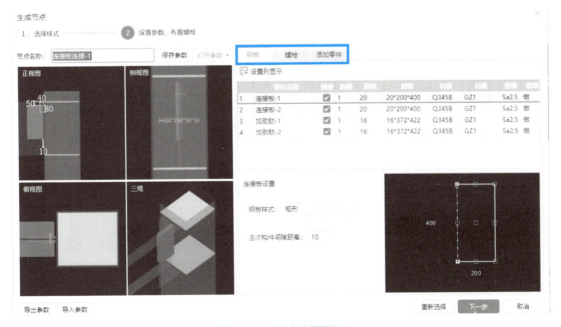

图 9.2.19　节点参数灵活修改

图 9.2.20 节点效果图

"生成细部"功能的操作原理及思路与"生成节点"类似,此处不再赘述。工程中如涉及柱脚、柱帽、预埋件等,均可通过此功能进行布置,如图 9.2.21 所示。

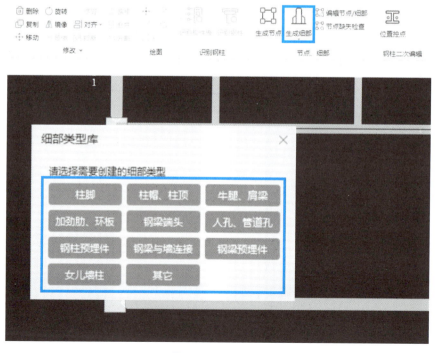

图 9.2.21 生成细部

（2）编辑节点 / 细部

节点生成后，如果发现错误需要调整，也可以通过“编辑节点 / 细部”功能对已经生成的节点进行批量的二次修改，具体操作步骤为：点击“编辑节点 / 细部”功能→选择需要编辑的节点→修改节点信息→选择编辑节点的范围→同类型节点批量调整完成，如图 9.2.22 所示。

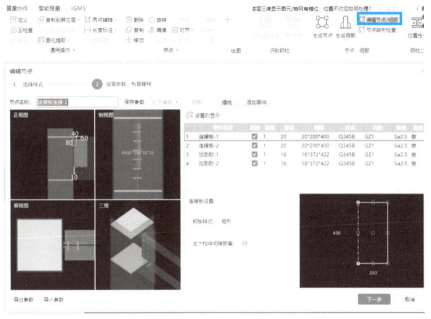

图 9.2.22　编辑节点

节点 / 细部识别完成后，均可通过“查看型钢量”功能查看具体工程量，如图 9.2.23 所示。

查看型钢量(当前显示1个图元工程量，最多可显示50个图元工程量)

清单工程量　定额工程量　设置列项

重量(kg)：609.453　面积(m2)：6.182　底漆(m2)：6.084　中间漆(m2)：6.084　面漆(m2)：6.084
防火(m2)：6.084　螺栓(套)：12　栓钉(套)：0　锚栓(套)：0

	构件名称	规格	数量	重量计算式	重量计算式文字说明	总重量(kg)	总面积(m2)	底漆(m2)	中间漆(m2)	面漆(m2)	防火(m2)
1	GZ1[264]					609.453	6.182	6.084	6.084	6.084	6.084
2	GZ1[264]	B400*450*14*14	1	23016*0.000001*30...	面积(m²)*[长度或高度(...	542.027	5.1	5.1	5.1	5.1	5.1
3	连接板-1	20*200*400	1	80000*0.000001*0....	面积(m²)*厚度(m)*理论...	12.56	0.184	0.16	0.16	0.16	0.16
4	连接板-2	20*200*400	1	80000*0.000001*0....	面积(m²)*厚度(m)*理论...	12.56	0.184	0.16	0.16	0.16	0.16
5	加劲肋-1	16*372*422	1	156984*0.000001*0...	面积(m²)*厚度(m)*理论...	19.717	0.339	0.314	0.314	0.314	0.314
6	加劲肋-2	16*372*422	1	156984*0.000001*0...	面积(m²)*厚度(m)*理论...	19.717	0.339	0.314	0.314	0.314	0.314
7	连接螺栓-1	M12*73	12			0	0	0	0	0	0
8	翼缘加强板	20*直角五边形①45*...	4	0.004575*20*0.001*...	面积(m²)*[长度或高度(...	2.872	0.036	0.036	0.036	0.036	0.036

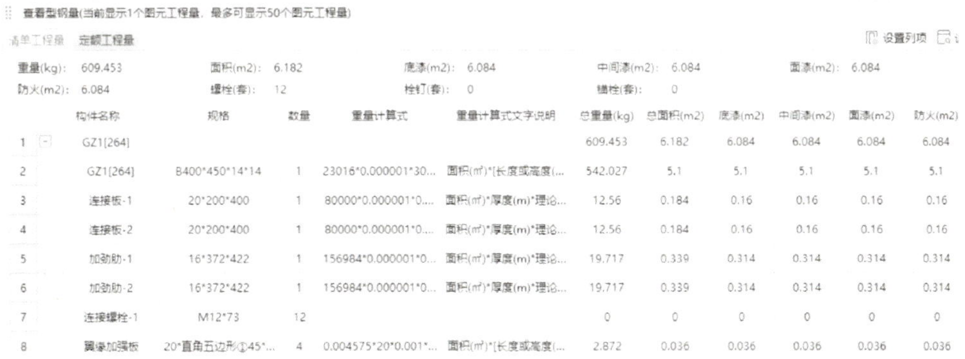

图 9.2.23　查看节点工程量

9.2.4　栓钉软件处理

1. 业务分析

栓钉是一种高强度刚度连接的紧固件，在不同连接件中起到刚性组合连接作用。钢柱、钢梁、钢板剪力墙上的钢板都会涉及栓钉，用于连接型钢和混凝土两部分，起到加强的作用。算量时一般区分规格统计其数量及长度即可，但要注意，实际工程中栓钉数量非常多，不同构件栓钉的排布规则（数量、间距、长度等）不同，相同构件不同部位栓钉排布也可能不同。总之，栓钉虽然计算规则简单，但是统计也较为烦琐，易漏量，如图 9.2.24 所示。

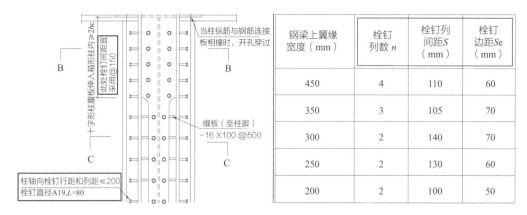

钢梁上翼缘宽度（mm）	栓钉列数 n	栓钉列间距 S（mm）	栓钉边距 Se（mm）
450	4	110	60
350	3	105	70
300	2	140	70
250	2	130	60
200	2	100	50

图 9.2.24　栓钉

2. 软件处理

批量布置栓钉：

软件通过"批量布置栓钉"功能能够同构件同截面批量生成栓钉，过程中栓钉的规格、长度、间距、排数、布置范围等参数均可设置，具体操作步骤为：点击"批量布置栓钉"功能→点击"批量选择"工程→选择要布置栓钉的构件→设置栓钉参数→栓钉创建完成（图 9.2.25）。布置完成后，三维直观可见，工程量自动统计，如图 9.2.26 所示。

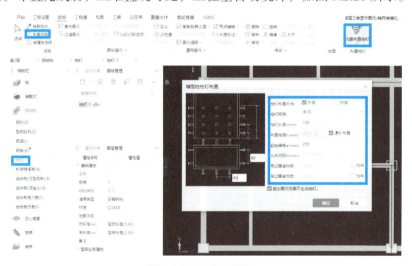

图 9.2.25　批量布置栓钉

规格	长度（mm）	材质	数量（套）
Φ10	100	Q345B	588
Φ16	100	Q345B	4056
Φ19	100	Q345B	4068
Φ22	100	Q345B	1296
Φ25	100	Q345B	2808
Φ28	100	Q345B	648
小计			13464

图 9.2.26　栓钉识别效果及工程量

9.2.5　组合压型钢板

1. 业务分析

组合压型钢板（图 9.2.27）又称为楼承板、承重板、楼盖板、钢承板，压型钢板不仅作为混凝土楼板的永久性模板，而且作为楼板的下部受力钢筋参与楼板的受力计算。概括来说，压型钢板就是由预制钢板、现场钢筋、混凝土组成的钢混凝土组合楼板。算量时由于压型钢板截面造型复杂多变，导致混凝土造型复杂，混凝土计算准确性及效率低，压型钢板的防火、刷漆的工程量计算也不准确。并且钢筋也与传统现浇板布筋方式略有不同：可能会按凹槽布置，如每槽布置 1 根或 2 根，此时钢筋根数计算需数凹槽数量。以上均为组合压型钢板在算量时的注意事项。

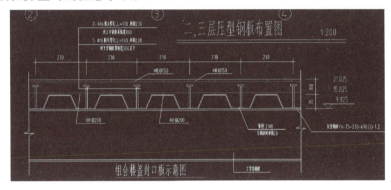

图 9.2.27　组合压型钢板

2. 软件处理

组合压型钢板业务较为复杂，软件需要通过组合板（压型钢板）、组合板（混凝土）、组合板受力筋、组合板负筋结合绘制，完成压型钢板的建模及出量，如图 9.2.28 所示。

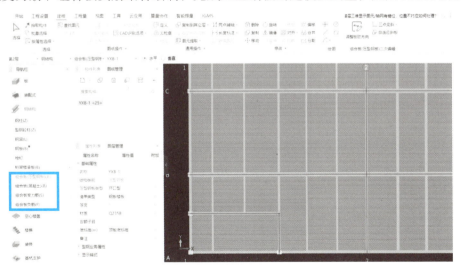

图 9.2.28　组合压型钢板实现方案

（1）组合板（压型钢板）

软件中使用组合板（压型钢板）构件来精准计算型钢面积工程量。软件内置开口型、缩口型、闭口型三种常见截面压型钢板，构件建立完成后通过"点""直线""矩形""三点弧"等功能进行绘制。具体操作步骤为：点击"新建组合板压型钢板"→选择参数化图形→修改压型钢板参数信息→绘制压型钢板，如图 9.2.29 所示。

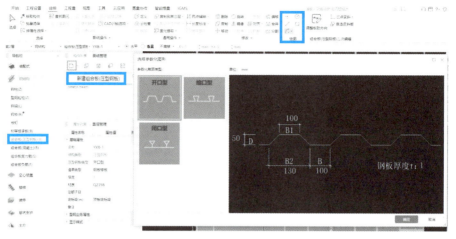

图 9.2.29　压型钢板绘制

（2）组合板（混凝土）

软件中使用组合板（混凝土）构件来精准计算现场浇筑的混凝土工程量，可通过"智能布置—压型钢板"功能快速完成压型钢板上的混凝土建模。软件会根据压型钢板智能生成混凝土，具体操作步骤为：点击"新建组合板（混凝土）"→修改混凝土板属性信息→点击"智能布置—压型钢板"→选择要生成混凝土的压型钢板→单击鼠标右键，混凝土板自动生成，如图 9.2.30 所示。

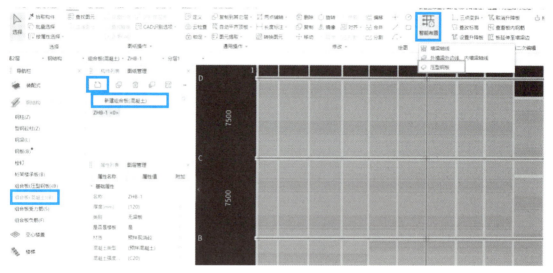

图 9.2.30　智能布置混凝土板

混凝土板会根据压型钢板造型智能布置（图 9.2.31），并且自动扣减压型钢板造型，体积、模板、投影面积等工程量也可以精准计算，如图 9.2.32 所示。

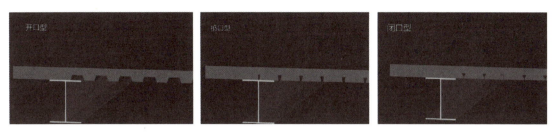

图 9.2.31　压型钢板三维模型

图 9.2.32　压型钢板工程量扣减

（3）组合板受力筋

软件中使用组合板受力筋构件处理组合板上的受力筋，其布置方式同现浇板受力筋。如果工程中有按凹槽布置的受力筋，可以采用"布置受力筋—按压型钢板凹槽"功能布置，板筋能够智能匹配压型钢板凹槽，具体操作步骤为：点击"新建组合板受力筋"→点击"布置受力筋"功能→选择"按压型钢板凹槽"布置→设置凹槽钢筋信息→选择要布置钢筋的混凝土板→单击鼠标右键完成布置（图 9.2.33），三维效果如图 9.2.34 所示。

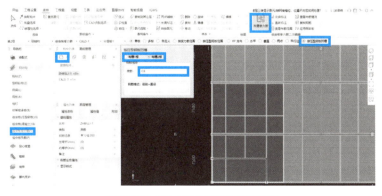

图 9.2.33　按压型钢板凹槽布置受力筋

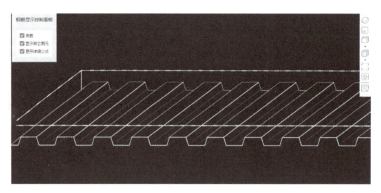

图 9.2.34　组合板受力筋三维效果图

（4）组合板负筋

软件中使用组合板负筋构件处理组合板上的负筋，其布置方式同现浇板负筋。需要注意的是，如果端部混凝土板有外伸，端部组合板负筋单边标注遇钢梁时，板筋会自动延伸至板边扣保护层，如图 9.2.35 所示。

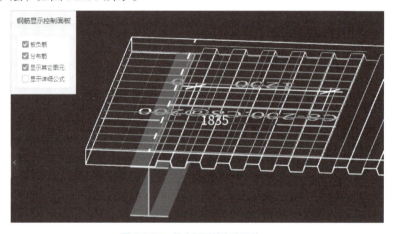

图 9.2.35　组合板板筋自动延伸一

9.2.6　桁架楼承板

1. 业务分析

钢筋桁架楼承板，具有施工模板和受力筋"双重角色"，能够在高层和超高层建筑施工中充分发挥优势。高层建筑采用钢筋桁架楼承板，可形成多个相对独立、安全的工作面，大大加快了施工进度。钢筋桁架楼承板由预制底板、桁架筋、现场布置钢筋、混凝土组成，计算钢筋时支座筋标注位置需以钢梁为支座，长度按规范取值，计算效率低、难度大。混凝土板底部和侧壁不需要计算模板，需考虑扣减问题，且钢梁上方存在桁架楼承板时，防火刷漆面积需要扣减；相交位置较多不易统计、易漏项。

2. 软件处理

桁架楼承板业务较为复杂，软件需要通过桁架楼承板、组合板（混凝土）、组合板受力筋、组合板负筋结合绘制，完成桁架楼承板的建模及出量，如图 9.2.36 所示。

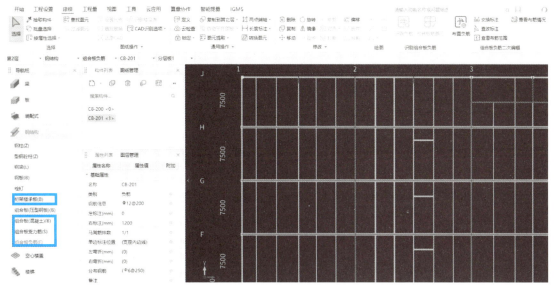

图 9.2.36　桁架楼承板实现方案

（1）桁架楼承板

软件中使用桁架楼承板构件计算桁架板面积，构件建立完成后通过"直线""矩形""三点弧"等功能进行绘制。具体操作步骤为：点击"新建桁架楼承板"→修改属性信息→绘制桁架楼承板，如图 9.2.37 所示。

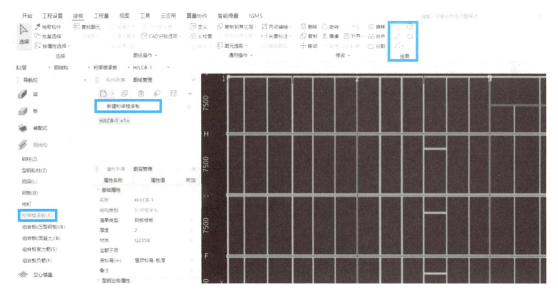

图 9.2.37　桁架楼承板绘制

（2）组合板（混凝土）

软件中使用组合板（混凝土）构件精准计算现场浇筑的混凝土工程量，可通过"矩形""直线"等功能完成桁架楼承板上的混凝土建模，具体操作步骤为：点击"新建组合板（混凝土）"→修改混凝土板属性信息→点击"直线""矩形"等功能绘制混凝土板（图 9.2.38）。绘制完成后，底面模板、投影面积等工程量计算自动扣减桁架板面积，如图 9.2.39 所示。

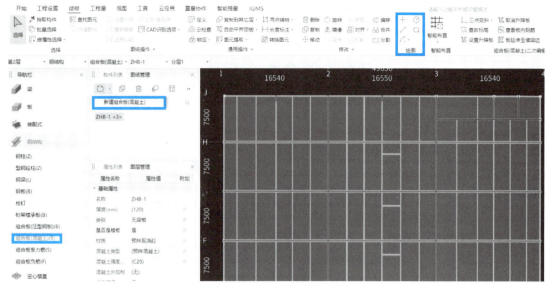

图 9.2.38　绘制混凝土板

图 9.2.39　桁架楼承板工程量扣减

（3）组合板受力筋

软件中使用组合板受力筋构件布置组合板上的受力筋，其布置方式同现浇板受力筋，本节不再展开阐述。

（4）组合板负筋

软件中使用组合板负筋构件布置组合板上的负筋，其布置方式同现浇板负筋。需要注意的是，如果端部混凝土板有外伸，端部组合板负筋单边标注遇钢梁时，板筋会自动延伸至板边扣保护层（图9.2.40）。另外，负筋新增上部支座筋、下部支座筋两种类型，负筋标注长度支持取计算设置默认值，其中计算设置默认值是按照平法图集及实际常用做法设定的，可结合工程实际情况修改，如图 9.2.41 所示。

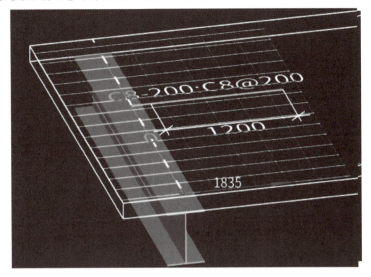

图 9.2.40　组合板板筋自动延伸二

图 9.2.41　支座筋长度按规范取值

9.2.7　零星构件

在钢混业务中，零星构件较多，比如连接梁梁位置的隔撑、铆钉、钢梯、钢板包边等零星业务。为提升计算效率，土建计量 GTJ 提供"表格算量"方式统计工程量，覆盖 53 种构件类型，内置国家标准截面库，支持 16 种热轧截面、13 种焊接截面、27 种钢板形状，可自动计算重量和面积，可满足零星钢结构的精准提量，如图 9.2.42 所示。

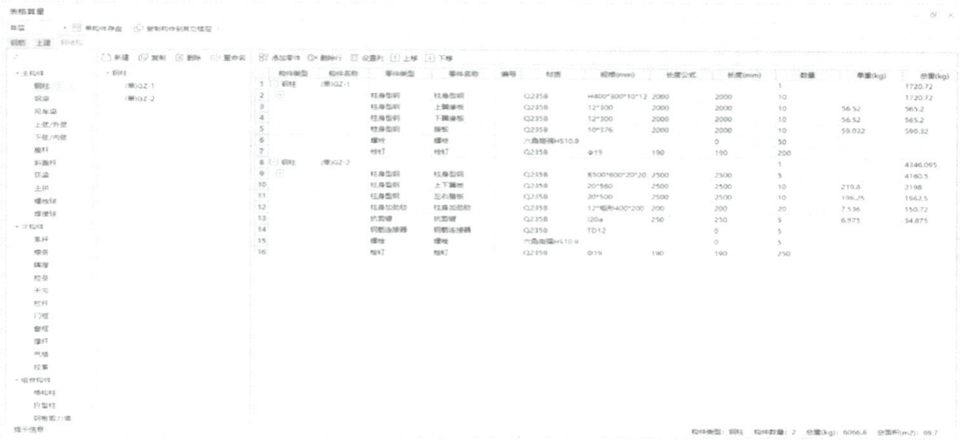

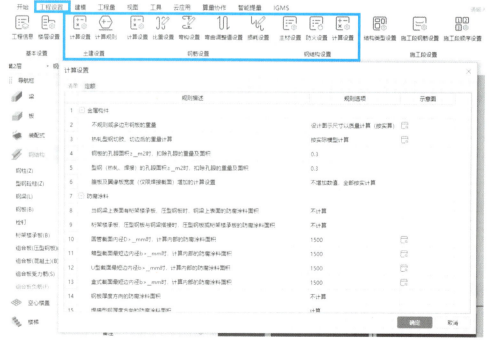

图 9.2.42　表格算量

9.2.8　钢混提量出量

软件通过内置国家标准清单、地区定额、型材截面库精准提量，可一键扣减型钢和混凝土重叠工程量，智能匹配型钢和钢筋的连接节点等，实现精准提量。并且实际工程中可结合工程情况自行调整"土建设置""钢筋设置""钢结构设置"等相关设置，实现工程量精准计算（图 9.2.43）。过程中可通过"查看计算式""查看工程量"功能查看土建工程量，通过"编辑钢筋"或"查看钢筋量"功能查看钢筋工程量，通过"查看型钢量"功能查看型钢工程量（图 9.2.44）。另外，还可通过"查看报表"功能进入报表界面，土建工程量查看"土建报表量"，钢筋工程量查看"钢筋报表量"，型钢及配件工程量查看"钢结构报表量"，其中"钢结构报表量"中软件新增 13 类钢结构报表，支持查看做法、汇总、明细三大类数据表，如图 9.2.45 所示。

图 9.2.43　工程设置界面

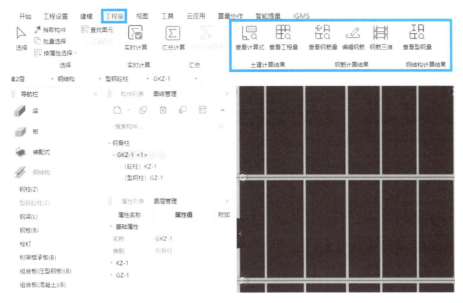

图 9.2.44　查看工程量界面

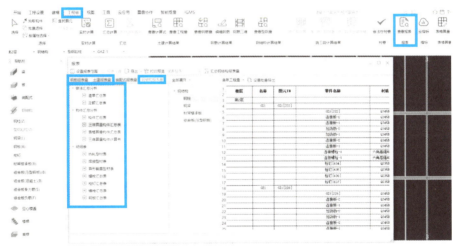

图 9.2.45　查看报表界面

第10章 基坑支护专题

10.1 整体概述

10.1.1 基坑支护业务整体介绍

1. 基坑支护的概念

基坑支护，是为了保证地下结构施工及基坑周边环境的安全，对基坑侧壁及周边环境采用的支挡、加固与保护措施。

2. 基坑支护的特点

基坑支护的特点如下：

（1）基坑支护属于临时工程；

（2）工程造价高，是施工单位争夺的重点；

（3）技术复杂、涉及范围广，技术上具有挑战性；

（4）变化因素多、事故频繁，是降低工程造价、确保工程质量的重点。

3. 基坑支护的类型

由于不同地区的地形、地质差异较大，为保证地下结构施工及基坑周边环境的安全，基坑支护类型呈现较大的差异。常见的基坑支护形式主要有放坡开挖、土钉墙（复合土钉墙）、灌注桩排桩围护墙、水泥土重力式挡墙、地下连续墙等。

（1）放坡开挖

放坡开挖是指利用土体自身的强度保持边坡不发生坍滑、移动、松散或不均匀下沉，达到边坡稳定的基坑支护方式，一般适用于杂填土、黏性土或粉性土，且环境条件允许的基坑。放坡开挖的施工要求如下：

1）坡率应根据土层性质、挖深确定。土质条件较好的地区，应优先选用天然放坡；挖深大于4m应采用多级放坡，多级放坡应设置平台；软土地区大面积放坡开挖的基坑，边坡表面应设置钢筋网片护坡面层。

2）若开挖面在地下水位之下，坡顶和平台处应采取井点降水措施，提高坡体稳定性；坡顶设置挡水坎或排水沟，防止坑外积水流入坑内，侵蚀坡体。

3）坡脚附近如有局部深坑，坡脚与局部深坑的距离应不小于2倍深坑落深，如不能保证，应按深坑的深度验算边坡稳定。

（2）土钉墙支护

若场地条件限制无法满足大范围放坡开挖的需要，可采用土钉墙支护，减少放坡范围。

土钉墙的施工要求如下：

1）土钉形式有钢管土钉和钢筋土钉，坡面采用钢筋网片喷射混凝土面层。

2）当土钉墙后侧存在滞水时，应在含水层部位的墙面设置泄水孔或采取其他疏水措施，减小墙背后的水压力，提高土钉墙稳定性。

3）当采用预应力锚杆复合土钉墙时，预应力锚杆应采用钢绞线锚杆，且锚杆应布置在土钉墙较上的部位；当用于增强面层抵抗土压力的作用时，锚杆应布置在土压力较大及墙背土层较软弱的部位。

（3）排桩支护

当基坑开挖面涉及地下水时，应在灌注桩外侧设置隔水帷幕。排桩支护的施工要求如下：

1）帷幕选型：若隔水帷幕深度小于16m，建议采用造价较低的双轴；若帷幕深度超过16m或者浅层存在深厚密实砂层，建议采用止水效果更好的三轴。

2）帷幕深度：对于仅需坑内疏干降水的基坑，软土地区黏性土弱透水层中隔水帷幕深度应控制在基坑基底以下6~7m即可（如上海地区项目）；若遇粉性、砂性土等（较）强透水层，且含水层厚度适中、层底埋深不深，可考虑帷幕隔断该含水层（如南通、武汉沿江地区）；若基坑基底承压水稳定性不满足要求需降承压水，且承压含水层厚度不厚、层底埋深不深，隔水帷幕也应尽量隔断承压含水层，以减少降压降水对周边环境的沉降影响。

3）为避免支护结构的浪费，可利用原本在基坑完成后通常废弃的围护排桩作为正常使用阶段主体地下结构一部分，形成"桩墙合一"，围护桩可承担大部分的土压力，减小地库外墙受力，从而有效减小地下室外墙厚度、边桩数量，增大地下室建筑面积，实现节能降耗，具有较好的经济效益。

（4）水泥土重力式围护墙

水泥土重力式围护墙是指水泥搅拌桩（旋喷桩）采用格栅形或连续形布置形成的重力坝墙，有时增加混凝土桩、钢板桩、毛竹等，以增强挡墙的强度。适用于场地较开阔、坑深不大于7m、轮廓较大、软弱地层的基坑。水泥土重力式围护墙的施工要求如下：

1）一般选用双轴或三轴水泥土搅拌桩，搅拌桩可按搭接施工，搭接长度控制在150 ~ 200mm，挡墙顶面宜设置混凝土面板。

2）一般土层条件下，搅拌深度小于16m的应优先选用造价更低的双轴，超过16m的应选用三轴，遇到淤泥等软弱土层，水泥掺量适当提高。

3）水泥土搅拌桩应按格栅布置。

（5）地下连续墙

软土地区三层地下室以上的基坑采用"两墙合一"地下连续墙支护相比排桩方案经济性强。所谓"两墙合一"，即在基坑工程施工阶段地下连续墙作为围护结构，起到挡土和止水的目的；在结构永久使用阶段作为主体地下室结构外墙，通过设置与主体地下结构内部水平梁板构件的有效连接，不再另外设置地下结构外墙。地下连续墙的常用厚度为600mm、800mm、1000mm、1200mm。地下连续墙的施工要求如下：

1）地下连续墙两侧应设置钢筋混凝土导墙。

2）当浅层分布有粉性土或砂性土较厚时，地下连续墙两侧可适当采用水泥土搅拌桩进行槽壁预加固。原则上搅拌桩深度只需覆盖粉性土或砂土层即可，避免在无加固条件下进行地下连续墙槽段成槽施工（否则在无槽壁加固条件下进行成槽施工，容易造成地下连续墙充盈系数过大而大量增加混凝土浇灌量，后续超灌混凝土的凿除量较大也会增加成本）。

综上所述，各类基坑支护的适用条件及选用原则如表 10.1.1 所示。

不同基坑支护类型适用条件　　　　　　　　表 10.1.1

支护形式	适用基坑挖深（m）	基坑周边环境保护要求	适用地质条件
放坡开挖	软土地区挖深不大于 7m 的浅基坑；土质条件较好的地区基坑放坡开挖深度可适当加深；挖深大于 4m 应采用多级放坡	无保护对象，场地空旷	适用于黏性土、粉质黏土、淤泥质土、粉土、粉砂等，不适用于淤泥、浜填土及新近的松散填土
土钉墙（复合土钉墙）	软土地区挖深不大于 5m 的浅基坑；土质较好的地区基坑挖深可适当加深，但最大挖深不超过 12m	保护要求不高	适用于黏性土和弱胶结砂性土且地下水位以上的基坑，若遇含水丰富的砂性土、砾砂及卵石层需要设施止水帷幕措施；不适用于淤泥、浜填土及新近的松散填土
水泥土重力式挡墙	无环境保护要求时一般挖深不大于 7m 的基坑，有环境保护要求时挖深不大于 5m	保护要求不高	适用于大部分土质条件，但遇到淤泥、浜填土及较厚的松散填土时，搅拌桩水泥掺量应适当提高
排桩支护	软土地区适用挖深不大于 20m 的深基坑，非软土地区可适当加深	保护要求较高～高	适用所有土质条件
地下连续墙	适用于所有深基坑	保护要求高	

10.1.2　基坑支护模块整体介绍

基坑支护模块作为土建计量 GTJ 中的专业化算量模块，解决了支护类型多样、钢筋配筋复杂、节点形式多的三大难题，覆盖自然放坡、土钉墙、排桩、桩板挡墙、地下连续墙五大支护类型，解决了手算复杂、钢筋计算难、Excel 数据难沉淀的问题，实现复杂模型土建钢筋工程量精准计算，为基坑支护算量工作提质增效，如图 10.1.1 所示。

图 10.1.1　基坑支护模块

（1）支护类型全面覆盖：排桩、土钉墙、自然放坡、地下连续墙、桩板挡墙五大支护类型，均可单一或组合处理，且各构件类型灵活设置，满足各类建模需求。

（2）计算效率大幅提升：针对基坑支护业务特点，设置特有的支护构件类型，从建模、出量、提量全方位效率提升，解放 Excel 计算模式。

（3）复杂模型土建钢筋工程量精准计算：基于基坑支护的计量标准，做专业的支护建模、计算，实现土建钢筋工程量精准计算；计量规范统一，对量核量方便清晰。

10.2　软件处理

10.2.1　放坡开挖软件处理

1. 业务分析

放坡开挖支护主要是通过在基坑边缘设置一定的坡度，以防止土壁塌方，确保施工安全。这种方法适用于土质条件较好、基坑不深的情况。当场地具备放坡开挖条件，且放坡开挖不会对周边环境产生不利影响时，基坑可采用放坡开挖。当开挖深度大于 4m 时，应采用多级放坡，并设置平台以提高坡体稳定性；在软土地区，大面积放坡开挖的基坑，边坡表面应设置钢筋网片护坡面层。

（1）图纸分析

放坡支护的图纸主要由支护结构平面布置图、支护剖面图组成。如果有其他支护结构（如斜支撑、支护桩等），还会有对应的构造详图。本小节仅对放坡部分的软件处理流程进行阐述，其余支护结构的软件处理流程可在后续其他支护形式软件处理部分查看。

支护结构平面布置图主要提供放坡所在的位置及平面尺寸信息，一般会绘制整体平面效果，并用引线引出剖面图号，如图 10.2.1 所示。

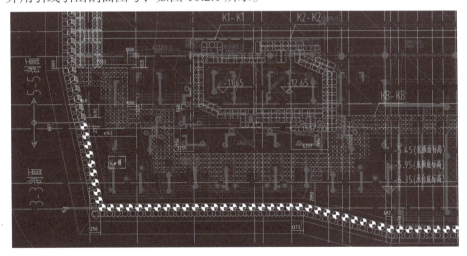

图 10.2.1　放坡开挖支护结构平面布置图

按照图号索引找到对应的支护剖面图，即可按照剖面图提供的信息建模及算量。剖面图中给出该剖面处各级放坡对应的放坡平台标高、放坡角度、喷射混凝土强度等级及厚度、挂网钢筋的信息等，如图 10.2.2 所示（本案例图纸中放坡处还设置了土钉，土钉的软件处理方式见本小节第二部分）。

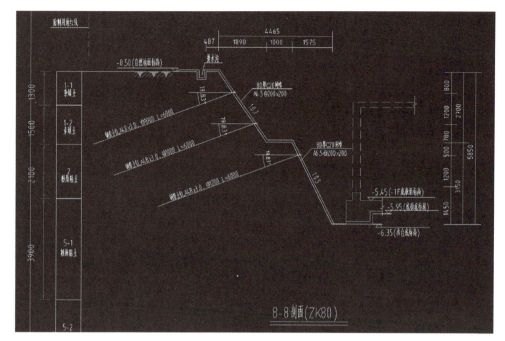

图 10.2.2　放坡开挖支护剖面图

（2）计算规则

计算放坡开挖支护方式需要计算的工程量包括喷射混凝土面积、泄水孔数量、钢筋网、加强筋、顶部插筋等。其中，喷射混凝土的面积需要按照支护剖面图中提供的喷射位置（放坡平台及放坡），结合平面布置图中的布置位置计算；计算挂网钢筋时，需要根据布置参数结合挂网部分的面积计算钢筋根数及长度，乘以钢筋相对密度得出钢筋总重量。如果有加强筋和顶部插筋，还需要按照其布置参数计算布置根数及重量。

（3）算量难点

在计算放坡开挖支护方式的工程量时，难点主要有以下几点：

1）在计算喷射混凝土部分的工程量时，需要对照不同的剖面图分别计算不同位置的截面面积。如果遇到拐弯处，截面形状呈现异形，工程量计算不准确。

2）计算挂网钢筋时，由于挂网面尺寸计算难，导致钢筋量计算不准确。

3）加强筋排布方式复杂多样，计算烦琐。

2. 软件处理

在土建计量 GTJ 中，切换至基坑支护 / 土钉墙模块，按照支护剖面图新建放坡及放坡平台，输入属性信息，将平面图导入并通过"按 CAD 线识别"或采用"内部点识别"，一键生成放坡体，异形截面面积按实计算，挂网、喷浆等工程量计算准确。

（1）新建

1）新建放坡

在基坑支护 / 土钉墙模块中，新建放坡并输入属性信息，如图 10.2.3 所示。如果是多级放坡，按照剖面图中的形式，新建每一级放坡构件，命名时可以剖面图号＋"顶""中""底"等标识进行区分，如 1-1 底（放坡）、1-1 顶（放坡）。按照支护剖面图提供的信息，在属性中分别输入以下参数：

①厚度：即喷射混凝土的厚度。

②顶/底标高：按照图纸中标识的单级放坡的顶/底标高分别输入。

③翻边宽度：即顶部平台的翻边宽度，如果没有，输入 0。

④底部平台板宽度：即底部平台的宽度，如果没有，输入 0。

⑤混凝土类型及强度等级：按照图纸输入即可。

⑥泄水孔及钢筋网：按照图纸输入即可。

⑦横向加强筋、竖向加强筋、顶部插筋：按照图纸输入即可。

图 10.2.3　新建放坡

2）新建放坡平台

在基坑支护/土钉墙模块中，新建放坡平台并输入属性信息，如图 10.2.4 所示。按照支护剖面图提供的信息，在属性中分别输入以下参数：

①厚度：即喷射混凝土的厚度。

②顶标高：按照图纸中放坡平台的标高信息输入。

③混凝土类型及强度等级：按照图纸输入即可。

④钢筋网及横向加强筋：按照图纸输入钢筋信息即可。

（2）建模

导入支护结构平面布置图，完成设置比例、分割图纸、识别轴网等准备工作后，可通过"按CAD线识别""内部点识别"等方式进行快速建模，也可通过直线＋弧线等方法进行手动绘制。

1）建模方式一：按CAD线识别

本功能适用于图纸上放坡的坑顶、坑底、中间平台每条边线都清晰可见时的快速识别。本案例中使用此功能处理8-8剖面部分的顶部放坡，识别流程如下：

①在构件列表中选择要识别的放坡／放坡平台，点击"按CAD线识别"，左上角弹出绘制命令框。按照提示"绘制坑顶边线"，单击鼠标左键选择坑顶边线的CAD线（选中后软件中黄色亮显），支持连续选择。

②点击左上角绘制命令框"绘制坑底边线"，单击鼠标左键选择坑底边线（选中后软件中绿色亮显），支持连续选择，如图10.2.5所示。

图10.2.4　新建放坡平台

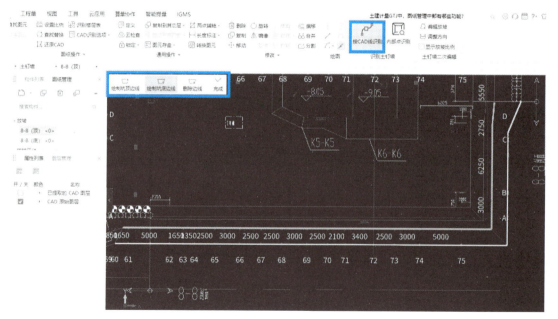

图10.2.5　按CAD线识别

③点击完成，即可生成放坡，如图10.2.6所示。

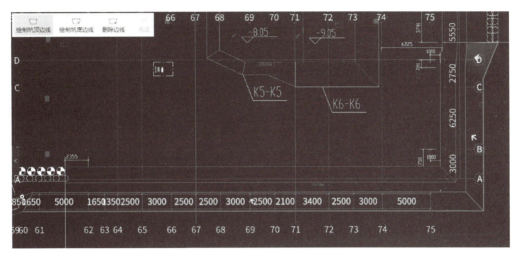

图 10.2.6　按 CAD 线识别结果

2）建模方式二：内部点识别

本功能适用于平面图的坑顶、坑底、中间平台每条边线都清晰可见且围成封闭区域时的快速识别。本案例中使用此功能处理 8-8 剖面部分的放坡平台及底部放坡，识别流程如下：

①在构件列表中选择要识别的放坡 / 放坡平台，点击"内部点识别"，单击鼠标左键移动至坡顶及坡底边线围成的封闭区域，软件中出现白色边框后单击鼠标左键确定，如图 10.2.7 所示。

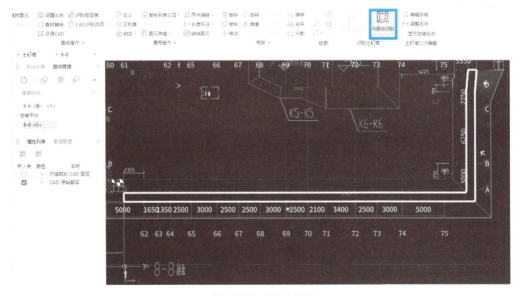

图 10.2.7　内部点识别

使用此功能完成放坡平台及底部放坡的识别，如图 10.2.8 所示。

②放坡绘制完成后，由于还未指定坑底及坑顶位置，需要使用"编辑放坡"功能进行指定。操作流程为：点击"编辑放坡"，选择要指定放坡方向的放坡图元，单击鼠标右键确定，单击鼠标左键选择坑底边线，单击鼠标右键确定即可。

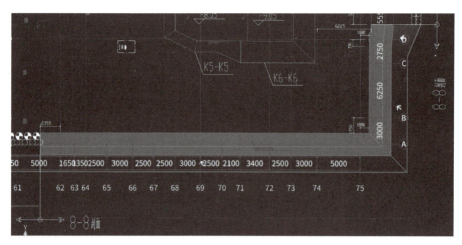

图 10.2.8　内部点识别结果

3）建模方式三：使用直线、矩形等绘制

本功能适用于没有 CAD 平面图或虽然有平面图但无法正确识别的情况。操作流程为：点击工具栏的"直线""矩形"等绘制功能，绘制出放坡或放坡平台的外边线，再点击编辑放坡，指定坡底线，即可绘制完成，如图 10.2.9 所示。

图 10.2.9　绘制放坡图元

识别或绘制完成后的模型如图 10.2.10 所示。

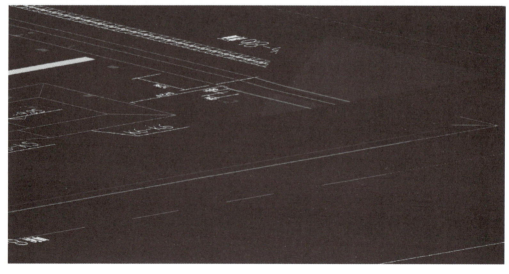

图 10.2.10　放坡开挖建模结果

（3）提量

模型建立完成后，点击汇总计算，即可查看图元工程量。

1）土建工程量

放坡支护的土建部分工程量包含放坡斜面喷锚面积、放坡平台面积、翻边面积、底部平台面积、泄水孔数量。其中：

①放坡斜面喷锚面积：按实际斜面面积计算，按实扣减；

②放坡平台面积：按实际平面面积计算，按时扣减；

③翻边面积：按实际平面面积计算，按实扣减；

④底部平台面积：按实际平面面积计算，按实扣减；

⑤泄水孔数量：按排计算，单排数量 =ceil[（放坡长度 – 起步距离 ×2）/ 间距]+1（ceil 指向上取整）。

计算结果如图 10.2.11 所示，如需查看计算式及扣减明细，可点击"查看计算式"查看。

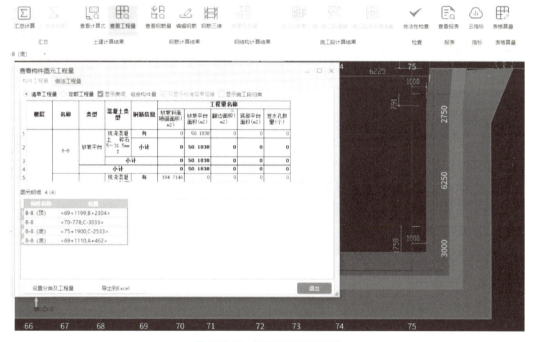

图 10.2.11　放坡开挖土建工程量

2）钢筋工程量

放坡支护的钢筋工程量包含放坡部分及放坡平台部分，其中：

①放坡钢筋量包含钢筋网（水平钢筋 & 垂直钢筋）、横向加强筋、竖向加强筋、顶部插筋，且均支持钢筋三维；

②放坡平台钢筋量包含钢筋网（水平钢筋 & 垂直钢筋）、横向加强筋。

钢筋计算结果如图 10.2.12 所示。如需查看钢筋总量，可点击"查看钢筋量"查看。如需查看钢筋计算明细，可点击"编辑钢筋"配合"钢筋三维"功能进行查看。

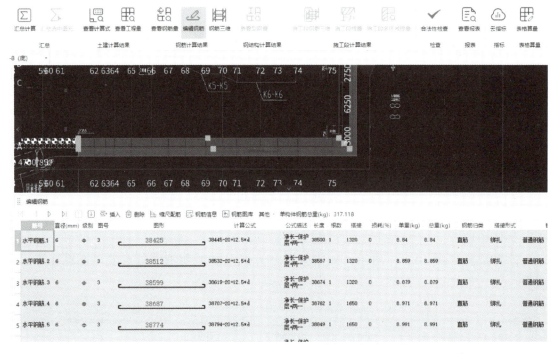

图 10.2.12　放坡开挖钢筋工程量

10.2.2　土钉墙软件处理

1.业务分析

土钉墙是由天然土体通过土钉墙就地加固并与喷射混凝土面板相结合，形成一个类似重力挡墙来抵挡墙后的土压力，从而保持开挖面的稳定。土钉墙的土钉分为钢筋土钉、钢管土钉以及锚杆土钉。每个土钉墙的土钉排数、间距、长度、直径要根据基坑开挖的整体滑动稳定性及土钉承载力计算，每一排之间的间距长度都有可能不同。

（1）图纸分析

土钉墙的图纸由支护结构平面布置图、支护剖面图组成。如果有其他支护结构（如支护桩等），还会有对应的构造详图。支护结构平面布置图主要提供土钉墙所在的位置及平面尺寸信息，一般会绘制整体平面效果，并用引线引出剖面图号。

按照图号索引找到对应支护剖面图，即可按照剖面图提供的信息建模及算量。剖面图中给出该剖面处各级放坡对应的信息（放坡开挖软件处理方式见本小节第一部分）以及斜支撑相关参数，如图 10.2.13 所示的土钉为钢管土钉，型号为 A48×3，共布置三排，布置间距顶部两排为 1000mm，底部一排为 1200mm，土钉长度为 6m。

（2）计算规则

土钉墙的工程量包括土钉数量、长度、注浆体积、土钉钢筋等。其中，土钉数量需要按照土钉墙绘制长度考虑布置间距计算；注浆体积则需要结合土钉长度与参数综合考虑计算。

（3）算量难点

在计算土钉墙的工程量时，难点主要在于：针对多级放坡的土钉墙，需要区分不同坡度处的水平长度分别计算根数，且对量核量没有统一标准，容易产生争议。

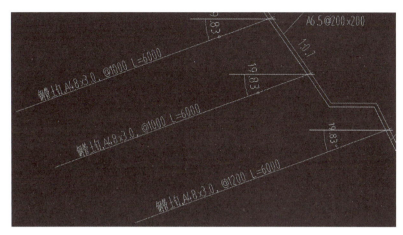

图 10.2.13　土钉参数示例（一）

2. 软件处理

在土建计量 GTJ 中，切换至基坑支护 / 土钉墙模块，按照支护剖面图新建放坡及放坡平台，输入属性信息，将平面图导入并通过"按 CAD 线识别"或采用"内部点识别"，一键生成放坡体，异形截面面积按实计算，挂网、喷浆等工程量计算准确。

土钉、锚杆、锚索、钢管支撑，按放坡实际位置布置，模型对量清晰、所见即所得。

（1）新建

在基坑支护 / 斜支撑模块中，新建土钉 / 锚杆 / 锚索 / 钢管支撑并输入相关参数。

1）新建土钉支撑

①孔径：即土钉孔径，可在支护剖面图中查看并输入；

②倾斜角度：支护剖面图中土钉的倾斜角度，按图输入即可；

③钻孔长度：即土钉深入土体的长度，按图输入即可；

④水平间距：即土钉水平方向的布置间距，会直接影响土钉根数，可在支护剖面图中查看并输入；

⑤土钉钢筋、架筋、固定筋：即土钉墙配合使用的钢筋，按照图纸输入即可。

2）新建锚杆支撑

除与土钉相同参数外，还需要输入注浆长度。注浆长度默认与钻孔长度相同，可根据项目实际情况进行修改。

3）新建锚索支撑

需输入参数与锚杆相同，此处不再赘述。

4）新建钢管支撑

除倾斜角度、钻孔长度、水平间距、土钉钢筋、支架筋、固定筋外，还需输入钢管的材质、外径及壁厚。如图 10.2.13 所示钢管支撑的外径为 48mm，壁厚为 3mm。

（2）建模

在支护结构平面布置图中完成放坡部分的建模后，即可处理斜支撑部分。软件提供了"按土钉墙布置"的功能，也可以通过直线 + 弧线的方法进行手动绘制。

1）建模方式一：按土钉墙布置

本功能适用于已经完成土钉墙放坡部分建模并且在支护剖面图中提供了斜支撑与坑底竖向间距的图纸中的快速布置。本案例中使用此功能处理 8-8 剖面部分的斜支撑，操作流程如下：

①在构件列表中选择要布置的斜支撑，点击"按土钉墙布置"，单击鼠标左键选择要布置斜支撑的土钉墙（即建模完成的放坡），左上角弹出绘制命令框，如图 10.2.14 所示。

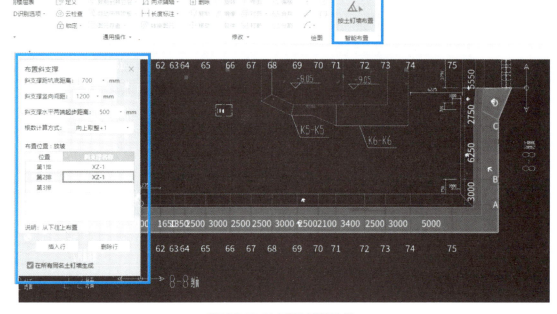

图 10.2.14　按土钉墙布置斜支撑

②按照支护剖面图（图 10.2.15）中的信息输入斜支撑距坑底距离、斜支撑竖向间距、斜支撑水平两端起步距离、根数计算方式等布置参数。如顶部放坡两处斜支撑在输入参数时，从下往上第一处斜支撑距坑底距离为 700，斜支撑竖向间距为 1200 布置，斜支撑水平两端起步距离按照实际情况设置（本案例按照默认值 500mm）。

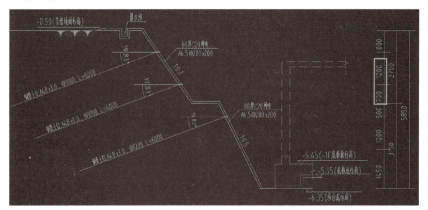

图 10.2.15　土钉参数示例（二）

③参数输入无误后单击鼠标右键确定即布置完成。布置完成后的效果如图 10.2.16 所示。可以看出，软件已经按照图纸要求的土钉参数及布置位置完成斜支撑的建模。

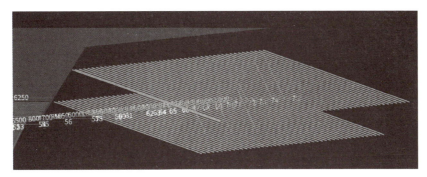

图 10.2.16　按土钉墙布置斜支撑结果

2）建模方式二：使用直线、弧形绘制

本功能适用于支护剖面图中提供了斜支撑距离坑底水平距离的图纸中的快速建模。操作流程为：

①在构件列表中选择要布置的斜支撑，点击"直线／弧形"，在模型中绘制布置路径，单击鼠标右键确定。然后移动鼠标确定斜支撑倾斜方向后单击鼠标左键确定，如图 10.2.17 所示。

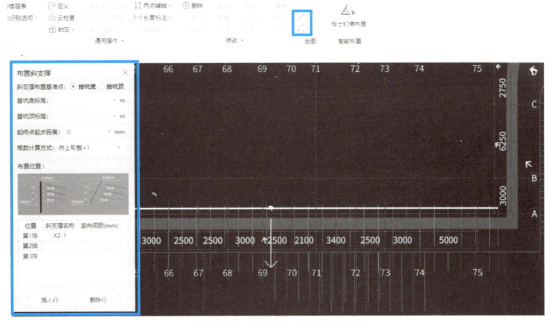

图 10.2.17　使用直线、弧形绘制斜支撑

②在弹出的对话框中输入斜支撑布置基准点、基坑底／基坑顶标高、起终点起步距离、根数计算方式，在布置位置表中按排输入名称和竖向间距，单击鼠标右键确定生成斜支撑图元。

（3）提量

模型建立完成后，点击汇总计算，即可查看图元工程量。

1）土建工程量

①钢管支撑的工程量包含数量、长度、钢管体积、钢管重量、钢管注浆体积。其中：

A 数量：以实际布置的支撑个数为准；

B 长度：按照单根长度 × 支撑个数计算；

C 钢管体积：按照钢管截面面积 × 单根钢管长度 × 钢管数量计算；

D 钢管重量：按照单根钢管长度 × 钢管数量 × 延米重计算，其中延米重按照软件内置型材表考虑；

E 钢管注浆体积：按照内径截面面积 × 单根钢管长度 × 钢管数量计算。

计算结果如图 10.2.18 所示。如需查看计算式及扣减明细，可点击"查看计算式"查看。

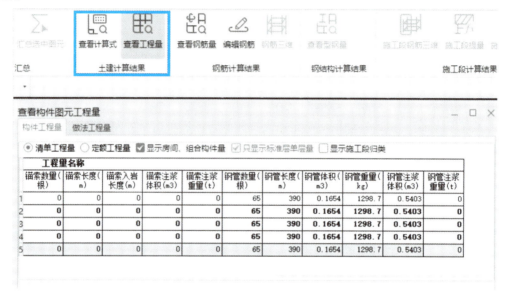

图 10.2.18　土钉墙土建工程量

②锚索支撑的工程量包含数量、长度、注浆体积、注浆重量。其中：

A 数量：按照实际布置的支撑个数计算；

B 长度：按照单根支撑长度 × 支撑个数计算；

C 注浆体积：按照截面面积 × 单根长度 × 支撑个数计算；

D 注浆重量：按照单位长度水泥用量 × 注浆长度 × 支撑个数计算。

2）钢筋工程量

①土钉 / 锚杆 / 钢管支撑的钢筋工程量包含土钉钢筋、支架筋、固定筋，且均支持钢筋三维；

②锚索支撑的钢筋工程量包含钢绞线工程量。

如需查看钢筋总量，可点击"查看钢筋量"查看。如需查看钢筋计算明细，可点击"编辑钢筋"配合"钢筋三维"功能进行查看。

10.2.3　排桩支护软件处理

排桩支护多适用于华北、东北、西北、华东等地区的地质条件，通常在基坑侧壁安全等级为一级、二级、三级及可采取降水或止水帷幕的基坑条件下采用。排桩支护常见结构包含支护桩、支撑梁、栈桥板、格构柱、钢桩、钢支撑、钢节点等。本小节将详细阐述各构件的算量要点及建模流程。

1. 支护桩

（1）业务分析

支护桩应用于多种支护类型中，其数量多、类型多、应用范围广，具有止水、加固的作用，是基坑支护的核心组成部分之一。常见的支护桩结构类型包括混凝土结构、钢结构、木结构、混合结构。其中混凝土结构桩包括钻孔灌注桩、单轴 / 双轴 / 三轴水泥搅拌桩、立柱桩、预制管桩、高压旋喷桩、护壁桩、微型桩。本小节内容主要针对混凝土结构的支护桩作详细阐述。

1）图纸分析

排桩支护的图纸由支护结构平面布置图（图 10.2.19）、支护结构剖面图及各类组成构件的大样图组成。其中，支护结构平面布置图提供了各支护桩的布置位置，支护结构剖面图提供了支护桩的各类参数信息，如支护桩的截面尺寸、长度、标高、配筋信息等。图 10.2.20 为某工程支护结构平面布置图中 ABC 段对应的支护结构剖面图，剖面图中提供了该段钻孔灌注桩及双轴深搅桩的基本信息。

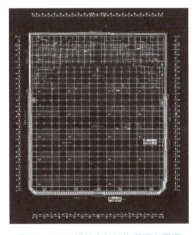
图 10.2.19　排桩支护结构平面布置图

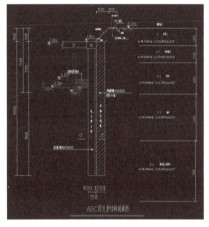
图 10.2.20　排桩支护结构剖面图

2）计算规则

计算支护桩的工程量时，需要计算的土建工程量包括支护桩长度、数量、截面面积、凿桩头体积、凿桩头个数、空搅体积，钢筋工程量包括纵筋（通长、非通长）、螺旋箍筋、加劲箍、定位筋。

实际算量时需要根据剖面图中提供的桩相关参数计算出单根桩的各项工程量，再根据平面图中的布置位置计算每一种支护桩的根数，由单根桩的工程量乘以布置根数计算得出总工程量。

3）算量难点

在计算支护桩的工程量时，难点主要有以下几点：

①计算支护桩的螺旋箍时，螺旋筋长度计算公式复杂不统一，手算容易出错；

②统计桩数量时，由于平面图中不同分段内桩径、桩长不同，需要分开统计数量，计算烦琐容易遗漏。

（2）软件处理

在土建计量 GTJ 中，切换至基坑支护 / 支护桩模块，通过参数化图形快速新建各个类型桩构件，满足不同类型桩建模，如灌注桩、多轴搅拌桩、预应力管桩等。将平面图导入后按图例识别，快速识别相同图例，数量一键识别。

1）新建

在基坑支护 / 支护桩模块中，点击"新建"按钮，软件中提供了 5 种常见的参数化类型，如单轴带钢筋、单轴不带钢筋、双轴、三轴及空心圆管，选择参数化图形并按照剖面图信息输入参数，如图 10.2.21 所示。

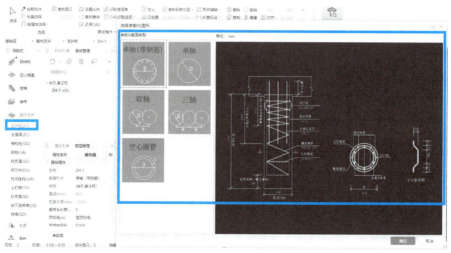

图 10.2.21　新建支护桩

本案例中 ABC 段的支护桩有钻孔灌注桩和双轴深搅桩两种。首先新建钻孔灌注桩：选择单轴（带钢筋）的参数图，在右侧参数图中输入剖面图中的参数。此处钻孔灌注桩的直径为 800mm，长度为 15500mm，顶标高为 −1.8m，同时结合钻孔灌注桩 a-a 剖面图（图 10.2.22），此钻孔灌注桩的纵筋为 6⌀20，箍筋为螺旋筋 φ10@150，加强筋⌀16@2000。输入完成后点击"确定"完成新建。

在属性中对支护桩的参数进行完善，如类别、凿桩头长度、顶标高等，按照此方法完成钻孔灌注桩及双轴深搅桩的新建。

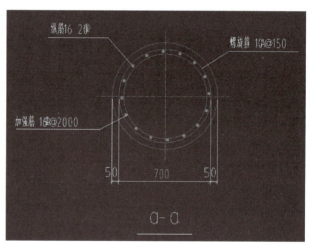

图 10.2.22　钻孔灌注桩 a-a 剖面图

2）建模

针对支护桩，土建计量 GTJ 提供按图例识别、按点绘制两种布置方式，可快速生成支护桩图元。

①建模方式一：按图例识别

本功能适用于 CAD 图纸中各支护桩图例清晰可见且不同支护桩区分图层 / 颜色绘制，可分别提取的情况。本案例中使用此功能处理 ABC 段的钻孔灌注桩及双轴深搅桩，操作流程如下：

A 切换至支护结构平面布置图，在构件列表中选择要识别的支护桩，点击工具栏"按图例识别"，在图纸中选择某一处代表对应支护桩的图例，如图 10.2.23 所示。

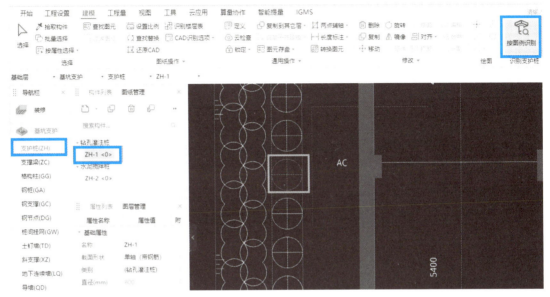

图 10.2.23　按图例识别支护桩

B 单击鼠标右键确定，软件会自动查找相同颜色 / 相同尺寸 / 相同图例的 CAD 线实现快速识别，使用此方法完成 ABC 段的钻孔灌注桩及双轴深搅桩，识别结果如图 10.2.24 所示。

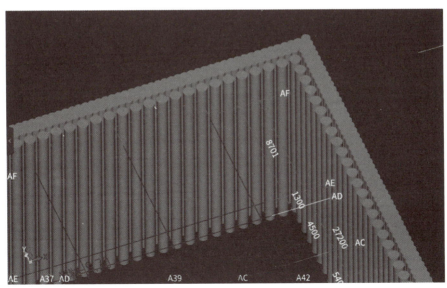

图 10.2.24　按图例识别支护桩结果

②建模方式二：按点绘制

本功能适用于没有 CAD 图纸或图纸中的图例无法准确识别的情况，也可用于处理支护桩的修改补画等。操作流程为：在构件列表中选择要布置的支护桩，点击"点"，在模型中点绘即可。

3）提量

模型建立完成后，点击汇总计算，即可查看图元工程量。

①土建工程量

支护桩的工程量包含数量、长度、截面面积、体积、凿桩头体积、凿桩头个数，空搅体积。其中：

A 数量：按实际识别或绘制的图元数量计算；

B 长度：按单根桩长 × 数量计算；

C 截面面积：按照单根截面面积 × 数量计算；

D 体积：按单根截面面积 × 长度 × 数量计算，按实扣减；

E 凿桩头体积：按属性中凿桩头长度 × 截面面积计算；

F 凿桩头个数：按属性中设置了凿桩头长度的支护桩数量计算；

G 空搅体积：按支护桩截面面积 × 长度（自然地坪到凿桩头顶的距离）计算。

计算结果如图 10.2.25 所示。如需查看计算式及扣减明细，可点击"查看计算式"查看。

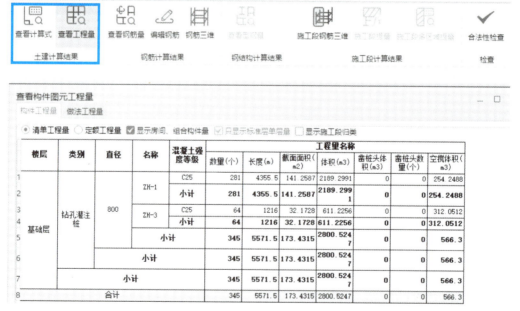

图 10.2.25　支护桩土建工程量

②钢筋工程量

支护桩的钢筋工程量包含纵筋（通长、非通长）、螺旋箍筋、加劲箍、定位筋。

如需查看钢筋总量，可点击"查看钢筋量"查看。如需查看钢筋计算明细，可点击"编辑钢筋"配合"钢筋三维"功能进行查看，如图 10.2.26 所示。其中纵筋、螺旋箍筋、加箍筋可查看钢筋三维。

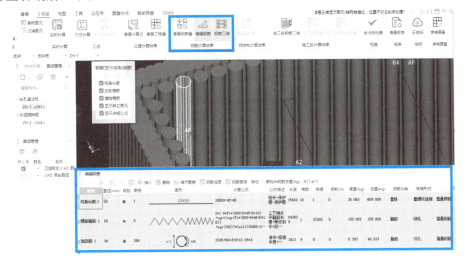

图 10.2.26 支护桩钢筋工程量

2. 支撑梁

（1）业务分析

支撑梁经常在排桩支护、桩板式挡墙及地下连续墙中出现，在不同的支护结构中发挥着不同的作用：在排桩支护中主要起到连接、压顶以及内支撑的作用，而在桩板式挡墙和地下连续墙的支护类型中，主要起到连接作用。本小节中支撑梁的软件处理方式同样适用于桩板式挡墙和地下连续墙中的支撑梁，后续不再赘述。

1）图纸分析

排桩支护中支撑梁相关的图纸由支撑体系平面布置图（图 10.2.27）、支撑体系大样图（图 10.2.28）及节点大样图（图 10.2.29）组成。其中，支撑体系平面布置图提供了各支撑梁的布置位置（部分图纸中给出各支撑梁的长度），支撑体系大样图提供了支撑梁的截面及配筋信息，节点大样图提供了支撑梁与连系梁交界处的加腋构造。

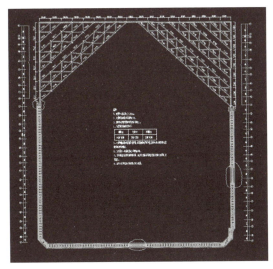

图 10.2.27 支撑体系平面布置图

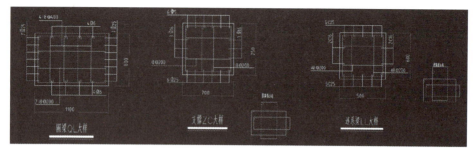

图 10.2.28　支撑体系大样图

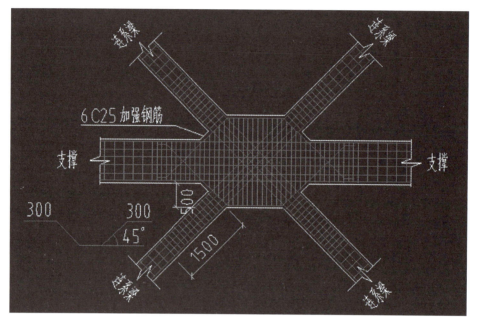

图 10.2.29　支撑与连系梁节点大样图

2）计算规则

计算支撑梁的工程量时，需要计算的土建工程量包括支撑梁的长度、体积、底面及侧面模板面积、加腋体积、加腋底面及侧面模板面积；钢筋工程量包括支撑梁的上部钢筋、下部钢筋、侧面纵筋、箍筋、加腋钢筋、加腋箍筋、吊筋、植筋等。

实际算量时，需要根据支撑体系大样图中的参数计算出单根支撑梁的截面面积、箍筋长度等，结合平面布置图中的实际长度计算出支撑梁的体积及模板面积等各项工程量，再通过节点大样图中加腋节点计算出各个加腋位置的工程量。

3）算量难点

在计算支撑梁的工程量时，难点主要有以下几点：

①支撑梁在不同的支护形式下作用不同，配筋不同，且不同支撑梁的角筋归属存在差异；

②支撑梁相交位置会设置加腋，加腋节点多样，加腋处的体积、模板面积、加强筋、加腋箍筋计算复杂，手算难度大。

（2）软件处理

在土建计量 GTJ 中，切换至基坑支护 / 支撑梁模块，新建矩形梁 / 异形梁，在平面图中按 CAD 线识别，批量识别支撑梁，加腋一键生成，快速出量。

1）新建

软件提供新建矩形、异形支撑梁并支持通过编辑钢筋灵活配筋。

①新建矩形支撑梁

在基坑支护 / 支撑梁模块中，点击"新建"按钮，选择"新建矩形支撑梁"，按照支撑体系大样图，在属性中分别输入以下参数：

A 类别：软件提供了冠梁、腰梁、围檩、连杆、联系梁五种类别，可按照实际工程选择；

B 截面尺寸及钢筋信息：按照大样图参数输入即可；

C 角筋归属：即矩形梁的角筋在大样图中的归属，是为了保障钢筋截面与图纸一致设置的，软件提供了侧面纵筋和上、下部钢筋两个选项。如图 10.2.30 所示的剖面图，角筋是在侧面纵筋处标注的，则属性中角筋归属为"侧面纵筋"；

D 编辑钢筋：由于支撑梁的配筋与普通梁构件不同，尤其是箍筋，属性中的箍筋仅指支撑梁的外箍，软件设置了编辑钢筋的功能，可以根据支撑梁大样图进行精准设置，保障钢筋量准确计算。如图 10.2.30 所示，支撑梁"QL"的属性输入完成后，可以点击构件名称旁的"编辑钢筋"按钮，在弹出的窗口中将支撑梁的内侧箍筋及拉筋补画完整。

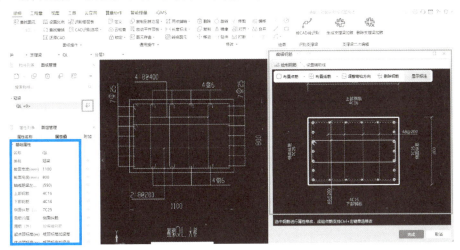

图 10.2.30　新建矩形支撑梁

②新建异形支撑梁

在基坑支护 / 支撑梁模块中，点击"新建"按钮，选择"新建异形支撑梁"，弹出"编辑异形构件"窗口，软件中可通过识别截面或绘制截面的方式快速新建。

A 识别截面

识别截面形状：如果图纸中提供了异形支撑梁的截面，可以通过此方法快速新建。操作流程为：点击"截面形状 / 图纸 / 框选图纸"，选择要识别的截面后单击鼠标右键确定，点击"设置比例"确认大样图比例准确无误；切换至"截面"，点击"选择轮廓"绘制支撑梁轮廓外边线，单击鼠标右键确定，再点击"生成截面"确认截面形状，如图 10.2.31 所示。

编辑钢筋：切换至"编辑钢筋截面"，点击"识别钢筋"，选择要识别的钢筋线并单击鼠标右键确定，即可完成钢筋识别。如果无法准确识别，也可以点击"绘制钢筋"手动绘制。

B 绘制截面

如果图纸中没有提供异形支撑梁的截面，可以直接在"截面形状/截面"中点击"绘制轮廓"，手动绘制异形支撑梁的边线。并在"编辑钢筋截面"中点击"绘制钢筋"对钢筋信息进行完善。

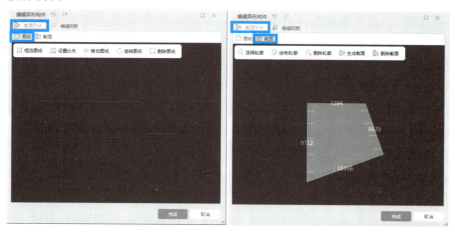

图 10.2.31　新建异形支撑梁

2）建模

针对支撑梁，土建计量 GTJ 提供按 CAD 线识别、直线+弧形等绘制两种布置方式，可快速生成支撑梁图元，通过"生成支撑梁加腋"功能智能布置梁加腋。

①建模方式一：按 CAD 线识别

本功能适用于 CAD 图纸中各支撑梁边线准确无误且清晰可见的情况，操作流程如下：

A 切换至支撑体系平面布置图，在构件列表中选择要识别的支撑梁，点击工具栏"按 CAD 线识别"，在图纸中选择要识别的支撑梁的中线，软件自动生成识别预览，如图 10.2.32 所示。

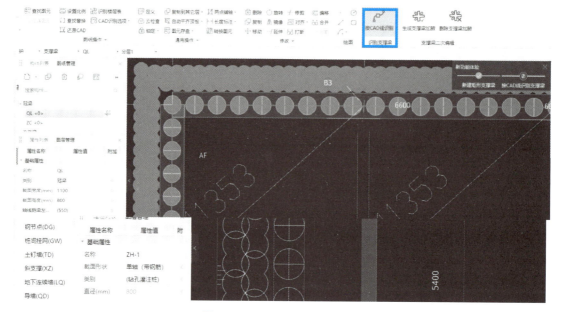

图 10.2.32　按 CAD 线识别支撑梁

B 单击鼠标右键确定，即可生成支撑梁，使用此方法完成本工程中的支撑梁识别，识别结果如图 10.2.33 所示。

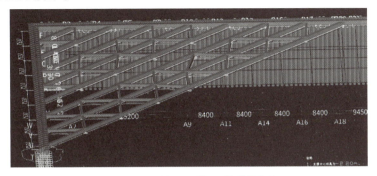

图 10.2.33　按 CAD 线识别支撑梁结果

②建模方式二：直线 + 弧线绘制

本功能适用于没有 CAD 图纸或图纸中的图例无法准确识别的情况，也可用于处理支撑梁的修改补画等，操作流程为：在构件列表中选择要布置的支撑梁，点击"直线 / 弧形"等绘制功能，在模型中按照支撑梁位置绘制即可。

③生成梁加腋

支撑梁识别或绘制完成后，可以通过"生成支撑梁加腋"功能一键生成加腋，操作流程如下：

A 点击工具栏"生成支撑梁加腋"功能，点选或框选需要生成梁加腋的支撑梁，单击鼠标右键确定。这时，软件按照支撑梁的相交形式，智能匹配对应加腋节点，如图 10.2.34 所示。

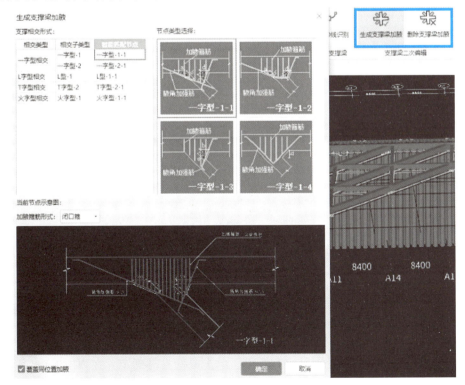

图 10.2.34　生成支撑梁加腋

B 在支撑相交形式中，依次按照相交类型，在"智能匹配节点"选择节点类型，选择和图纸一致的加腋形式，输入对应尺寸和钢筋信息（加腋箍筋支持开口箍和闭口箍选项），点击确定后即可一键生成加腋，如图 10.2.35 所示。

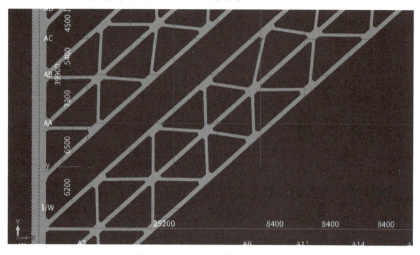

图 10.2.35　生成支撑梁加腋结果

④布置支撑梁垫层

基坑支护业务中，支撑梁涉及在排桩、挡土墙，以及地下连续墙支护类型中，施工顺序从上往下分段施工，而深基坑中会有多道支撑，每道支撑施工前需要铺设垫层，支撑做好后，再拆除垫层，继续往下挖土，最后所有支撑完成。软件中布置支撑梁垫层的操作流程如下：

A 切换至基础 / 垫层界面，新建面式垫层并输入垫层厚度等基本属性，点击工具栏"智能布置"功能下的"支撑梁"，如图 10.2.36 所示。

图 10.2.36　智能布置支撑梁垫层

B 点选或拉框选择要布置垫层的支撑梁，单击鼠标右键确定，在弹出的窗口中输入出边距离，即可快速完成支撑梁垫层建模，布置效果如图 10.2.37 所示。

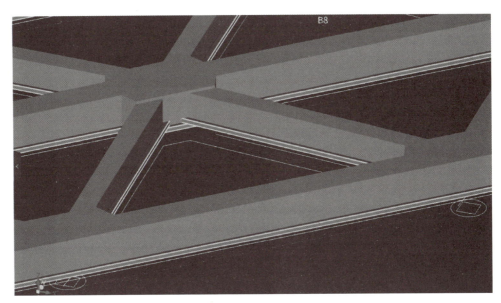

图 10.2.37　支撑梁垫层

3）提量

模型建立完成后，点击汇总计算，即可查看图元工程量。

①土建工程量

支撑梁的土建工程量包含长度、总体积、侧面模板总面积、底面模板总面积、加腋体积、加腋侧面模板面积、加腋底面模板面积。其中：

A 长度：按实际识别或绘制的图元长度计算；

B 总体积：按照每一道支撑梁的体积与加腋体积之和计算；

C 加腋体积：按照每道支撑梁的加腋部分体积之和计算；

D 侧面模板总面积：按照支撑梁和加腋侧面模板面积之和计算；

E 底面模板总面积：按照支撑梁和加腋底面模板面积之和计算。

F 加腋侧面 / 底面模板面积：按照支撑梁加腋部分侧面 / 底面与模板的接触面积计算。

计算结果如图 10.2.38 所示。如需查看计算式及扣减明细，可点击"查看计算式"查看。

查看构件图元工程量

构件工程量　做法工程量

● 清单工程量　○ 定额工程量　☑显示房间、组合构件量　☑只显示标准层单层量　□显示施工段归类

楼层	类别	名称	混凝土强度等级	工程量名称							
				长度(m)	总体积(m3)	侧面模板总面积(m2)	底面模板总面积(m2)	顶面模板总面积(m2)	加腋体积(m3)	加腋侧面模板面积(m2)	加腋底面模板面积(m2)	加腋顶面模板面积(m2)
1	冠梁	QL	C30	54.8914	141.4566	434.3835	176.8207	0	9.5365	22.1932	11.9205	0
2			小计	54.8914	141.4566	434.3835	176.8207	0	9.5365	22.1932	11.9205	0
3		ZC	C30	389.1232	233.6938	563.6223	311.5916	0	29.4039	57.1166	39.2053	0
4			小计	389.1232	233.6938	563.6223	311.5916	0	29.4039	57.1166	39.2053	0
5	基础层	小计		444.0146	375.1504	998.0058	488.4123	0	38.9404	79.3098	51.1258	0
6	连系梁	LL		244.8016	73.4405	293.762	122.4006	0	0	0	0	0
7			小计	244.8016	73.4405	293.762	122.4006	0	0	0	0	0
8		小计		244.8016	73.4405	293.762	122.4006	0	0	0	0	0
9		小计		688.8162	448.5909	1291.7678	610.8129	0	38.9404	79.3098	51.1258	0
10		合计		688.8162	448.5909	1291.7678	610.8129	0	38.9404	79.3098	51.1258	0

图 10.2.38　支撑梁土建工程量

②钢筋工程量

支撑梁的钢筋工程量包含上部钢筋、下部钢筋、侧面纵筋、箍筋（箍筋和拉筋）、加腋钢筋、加腋箍筋、吊筋、植筋，钢筋类型计算全、工程量准确，加腋钢筋量可单独查看报表。其中吊筋、植筋可在支撑梁类别为冠梁/腰梁/围檩的支撑梁钢筋属性中输入并统计。

如需查看钢筋总量，可点击"查看钢筋量"查看。如需查看钢筋计算明细，可点击"编辑钢筋"配合"钢筋三维"功能进行查看，如图10.2.39所示。其中纵筋、箍筋、腋角加强筋、加腋箍筋可查看钢筋三维。

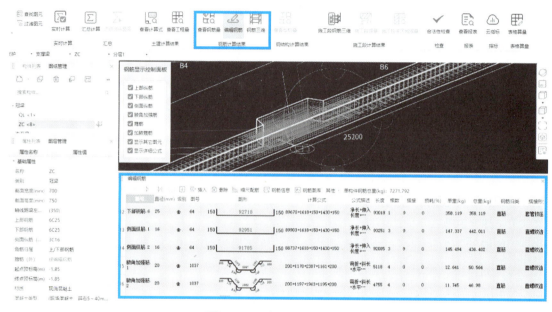

图10.2.39　支撑梁钢筋工程量

3. 格构柱

（1）业务分析

格构柱是一种压弯性能较好的构件，一般作为梁或支撑构件的支点。在实际深基坑工程施工中，当基坑跨度较大时，内支撑挠度较大，影响基坑安全，为了减小跨度，降低支撑挠度的影响，常在支撑中部增加格构柱作为立柱，将基坑内支撑横担于立柱上方。格构柱一般由角钢、缀板、止水板三部分组成。

1）图纸分析

格构柱的图纸由支护结构平面布置图、立柱大样图组成。其中，格构柱的平面布置图与支护桩共用一张图，这张图提供了各支护桩及格构柱的布置位置；立柱大样图提供了立柱桩及格构柱的相关参数，如图10.2.40所示。

2）计算规则

计算格构柱的工程量时，需要计算的工程量包括长度、数量、体积、重量、表面积。其中长度及数量按照实际桩长及图元数量计算；体积是指角钢及缀板的体积之和；重量包括角钢、缀板、止水片重量；表面积为角钢、缀板、止水片的表面积之和。实际算量时需要根据大样图中角钢、缀板及大样图的参数计算单根格构柱的各项工程量，由单根桩的工程量乘以布置根数计算得出总工程量。

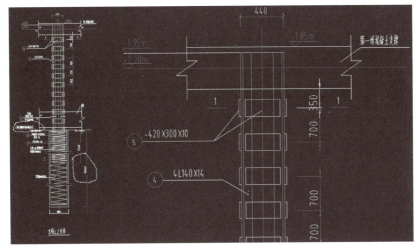

图 10.2.40　立柱大样图

3）算量难点

计算格构柱的工程量时，主要难点在于不同位置的立柱桩顶标高不同，导致格构柱的长度也不同，需要分开统计数量，计算烦琐容易出错。

（2）软件处理

在土建计量 GTJ 中，切换至基坑支护 / 格构柱模块，新建参数化格构柱，通过"按支护桩布置"实现格构柱快速建模。

1）新建

在基坑支护 / 格构柱模块中，点击"新建"按钮，按照格构柱大样图输入角钢、缀板及止水板参数及下插到立柱桩内的长度，如图 10.2.41 所示。在属性中输入顶标高和底标高等参数信息，其中，格构柱底标高可选择"桩顶标高减下插长度"，即可按照立柱桩标高智能判断格构柱长度，快速生成符合要求的格构柱。

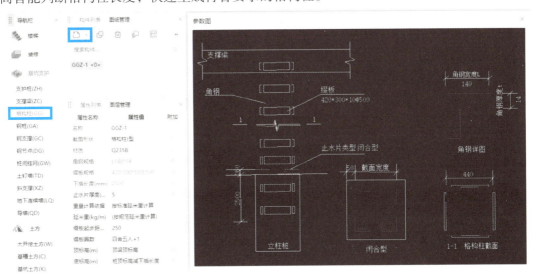

图 10.2.41　新建格构柱

2）建模

针对格构柱，土建计量 GTJ 提供按支护桩布置、按点绘制两种布置方式，可快速生成格构柱图元。

①建模方式一：按支护桩布置

本功能适用于已经提前完成立柱桩布置的情况，操作流程如下：

A 切换至支护结构平面布置图，在构件列表中选择要布置的格构柱，点击工具栏"按支护桩布置"，框选或批量选择要布置格构柱的支护桩，如图 10.2.42 所示。

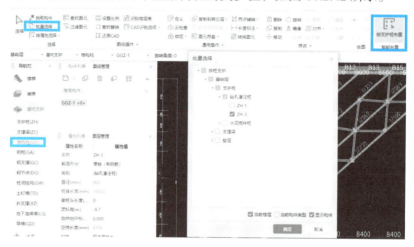

图 10.2.42　按支护桩布置格构柱

B 单击鼠标右键确定，软件会自动根据所选立柱桩的标高生成对应长度的格构柱，识别结果如图 10.2.43 所示。

图 10.2.43　按支护桩布置格构柱结果

②建模方式二：按点绘制

本功能适用于没有提前完成立柱桩的布置或单根补画的情况，操作流程为：在构件列表中选择要布置的格构柱，点击"点"，在模型中点绘即可。

3）提量

模型建立完成后，点击汇总计算，即可查看图元工程量。土建计算设置中内置格构柱型材表，实现便捷出量。

格构柱的工程量包含长度、数量、体积、重量、表面积。其中：

A 长度：按单根桩长 × 数量计算。

B 数量：按实际识别或绘制的图元数量计算。

C 体积：指角钢加缀板的体积之和，无扣减。

D 总重量：指角钢重量、缀板重量、止水板重量之和。

E 角钢重量：有两种计算方式；

按长度 × 延米重查表计算：延米重取计算设置中选择的型材表取值，计算时先查型钢表，型钢表中无对应规则时按体积 × 理论重量计算。

按体积 × 理论重量计算：理论重量取属性值，默认 7850kg/m³。

F 缀板重量：按体积 × 理论重量计算。

G 止水片重量：按体积 × 理论重量计算。

H 表面积：指角钢 + 缀板 + 止水片的表面积，无扣减。

计算结果如图 10.2.44 所示。如需查看计算式及扣减明细，可点击"查看计算式"查看。

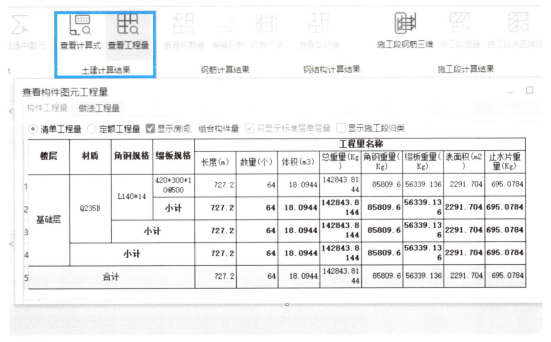

图 10.2.44 格构柱工程量

4. 钢桩

（1）业务分析

支护工程中，常见的支护桩结构类型包括混凝土结构、钢结构、木结构、混合结构，常见的钢桩有 H 型钢桩、钢管桩、拉森钢板桩、SMW 工法桩、混凝土桩 + 钢管组合、钢管 /H 型钢 + 拉森钢板桩组合等。本小节内容主要针对各类钢桩的软件处理作详细阐述。

（2）软件处理

在土建计量 GTJ 中，切换至基坑支护 / 钢桩模块，新建参数化钢桩，通过"按指定路径布置"实现钢桩快速建模。

1）新建

在基坑支护/钢桩模块中，点击"新建"按钮，在弹出的窗口中选择钢桩类型（软件提供了H型钢、钢板、拉森钢板桩三种类型），输入钢桩参数，在钢桩属性中输入桩身长度和顶标高，如图10.2.45所示。

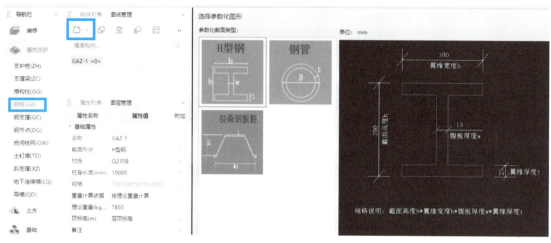

图 10.2.45　新建钢桩

2）建模

针对钢桩，土建计量GTJ提供了按指定路径布置和按点布置的功能，可快速布置钢桩图元，并且支持与混凝土桩重叠布置，实现自动扣减。

①建模方式一：按指定路径布置

本功能可根据钢桩的平面位置，按照固定的布置间距快速布置钢桩。操作流程如下：

A 在构件列表中选择要布置的钢桩，点击工具栏"按指定路径布置"，在绘图区域上方输入桩间距，使用鼠标左键绘制一条直线，如图10.2.46所示。

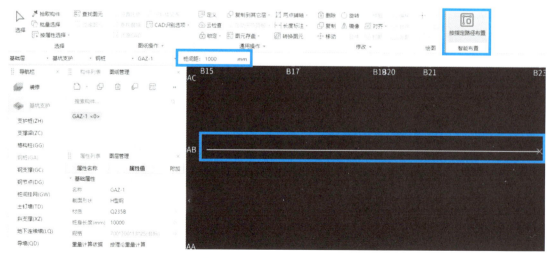

图 10.2.46　按指定路径布置钢桩

B 单击鼠标右键确定，软件根据布置间距及绘制的路径长度计算布置根数并快速生成钢桩图元，布置结果如图10.2.47所示。

图 10.2.47　按指定路径布置钢桩结果

②建模方式二：按点绘制

在构件列表中选择要布置的钢桩，点击"点"，在模型中点绘即可。

3）提量

模型建立完成后，点击汇总计算，即可查看图元工程量。软件内置型材表，可实现便捷出量。

钢桩的工程量包含长度、数量、体积、重量、表面积。其中：

A 长度：按单根桩长 × 数量计算。

B 数量：按实际绘制的图元数量计算。

C 体积：指钢桩实际体积之和。

D 重量：有两种计算方式：

按长度 × 延米重查表计算：延米重取计算设置中选择的型材表取值，计算时先查型钢表，型钢表中无对应规则时按体积 × 理论重量计算。

按体积 × 理论重量计算：理论重量取属性值，默认 7850kg/m^3。

E 表面积：按实际表面积计算，无扣减。

计算结果如图 10.2.48 所示。如需查看计算式及扣减明细，可点击"查看计算式"查看。

图 10.2.48　钢桩工程量

10.2.4　桩板式挡墙软件处理

1. 业务分析

桩板式挡墙是指钢筋混凝土桩和挡土板组成的轻型挡土墙。在深埋的桩柱间用挡板挡住土体，适用于侧压力较大的加固地段，两桩间挡土板可逐层安设或浇筑。为保证基坑支护的安全，确保桩间土体的稳定，在土方开挖过程中，支护桩桩间进行挂网喷混凝土处理。

（1）图纸分析

桩板式挡墙的图纸由支护结构平面布置图、剖面图组成。支护结构平面布置图主要提供支护桩、支撑梁等支护构件所在的位置，剖面图主要提供支护桩、支撑梁、桩间挂网等构件的大样图。

（2）计算规则

支护桩及支撑梁的计算规则及软件处理方式已在本章排桩支护小节详细介绍，本小节仅对桩板式挡墙中桩间挂网的处理作详细阐述。

桩间挂网的工程量包括土建工程量及钢筋工程量。首先需要根据支护桩的平面布置位置计算喷混凝土的工程量，再结合网喷大样图中挂网钢筋参数计算各类钢筋的长度及根数，如图 10.2.49 所示。

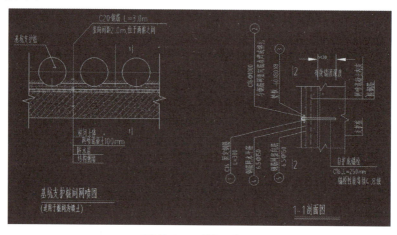

图 10.2.49　桩间网喷图

（3）算量难点

计算桩间挂网的工程量时，难点主要在于：钢筋种类多（水平钢筋、垂直钢筋、横向拉筋、挂网钢筋、钢筋钉），而且需要根据桩间挂网大样图中各类钢筋的参数结合平面布置图计算，计算烦琐容易出错。

2. 软件处理

在土建计量 GTJ 中，切换至基坑支护 / 桩间挂网模块，按照挂网相关参数新建桩间挂网，按支护桩快速布置，挂网钢筋量精确计算。

（1）新建

在基坑支护 / 桩间挂网模块中，点击"新建"按钮，点击属性窗口中"挂网配筋"输入框，弹出挂网配筋参数图，按照图纸输入相关参数，如水平钢筋、垂直钢筋、拉筋、挂网钢筋、钢筋钉的规格型号及锚入土体长度，在属性中输入喷混凝土厚度，按照图纸调整标高信息及混凝土类别，如图 10.2.50 所示。

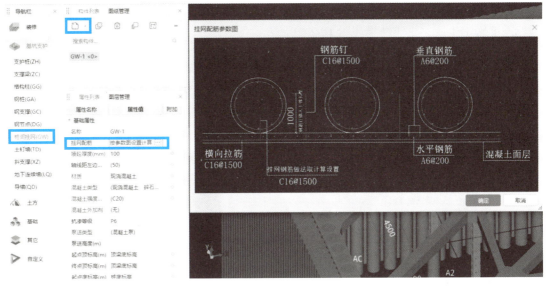

图 10.2.50　新建桩间挂网

（2）建模

针对桩间挂网，土建计量 GTJ 提供按支护桩布置、直线＋弧形等绘制两种布置方式，可快速生成桩间挂网图元。

1）建模方式一：按支护桩布置

本功能适用于支护桩已经布置完成的情况，操作流程如下：

①在构件列表中选择要布置的桩间挂网，点击工具栏"按支护桩布置"，在绘图区域上方输入"向桩内偏移距离"和"相邻桩心距"两项参数。其中，向桩内偏移距离，是指喷射混凝土厚度的中心距离桩边缘的距离，相邻桩心距可提前测量后输入。框选或批量选择支护桩后点击"确定"按钮，如图 10.2.51 所示。

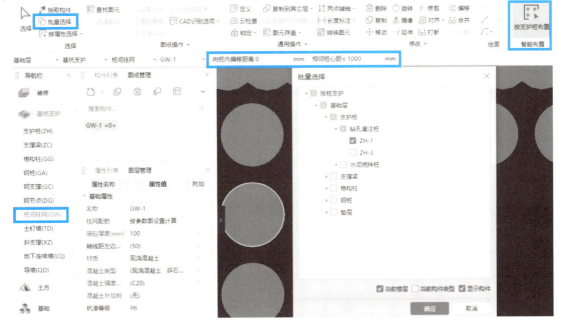

图 10.2.51　按支护桩布置桩间挂网

②单击鼠标右键确定，移动鼠标箭头，根据箭头指向选择桩间挂网的生成位置，单击鼠标左键确定生成，生成结果如图 10.2.52 所示。

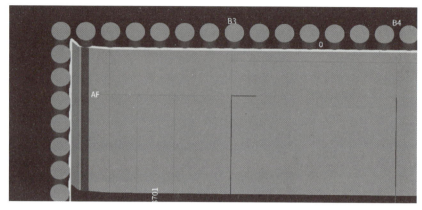

图 10.2.52　按支护桩布置桩间挂网结果

2）建模方式二：使用直线、弧形绘制

本功能适用于需要单独分段绘制或补画桩间挂网的情况。操作流程为：在构件列表中选择要布置的桩间挂网，点击直线 / 弧形，在模型中直接绘制即可。

（3）提量

模型建立完成后，点击汇总计算，即可查看图元工程量。

1）土建工程量

桩间挂网的土建工程量包含长度、挂网面积、体积、模板面积。其中：

①长度：以桩间挂网水平方向布置长度计算；

②挂网面积：按照长度 ×（挂网顶标高 – 底标高）计算；

③体积：按照挂网面积 × 挂网厚度；

④模板面积：按照基坑侧模板面积 + 端头面积计算。

计算结果如图 10.2.53 所示。如需查看计算式及扣减明细，可点击"查看计算式"查看。

图 10.2.53　桩间挂网土建工程量

2）钢筋工程量

桩间挂网的钢筋工程量包含水平钢筋、垂直钢筋、横向拉筋、挂网钢筋、钢筋钉。

如需查看钢筋总量，可点击"查看钢筋量"查看。如需查看钢筋计算明细，可点击"编辑钢筋"配合"钢筋三维"功能进行查看，如图 10.2.54 所示。其中水平钢筋、垂直钢筋、横向拉筋可支持钢筋三维。

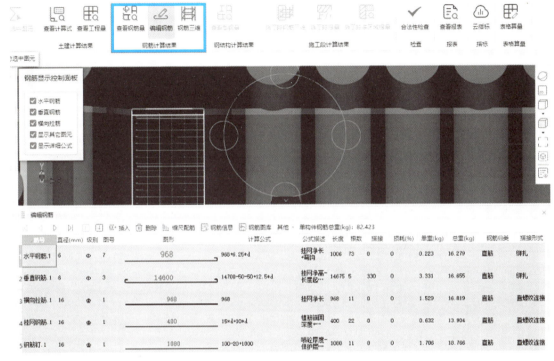

图 10.2.54　桩间挂网钢筋工程量

10.2.5　地下连续墙软件处理

1. 业务分析

地下连续墙：是指连续的钢筋混凝土墙面，有较强的防渗、承重功能。地下连续墙通过挖槽设备，顺着工程周边开出深槽，接着在深槽内加入钢筋笼，然后建筑形成单元槽段，不断循环此过程，直至形成连续混凝土墙。地下连续墙适用于基坑开挖深度大于 10m，邻近存在保护要求较高的建（构）筑物，对基坑本身的变形和截水要求较高，或采用支护结构与主体结构相结合的基坑工程等。

导墙：地下连续墙成槽前先要构筑导墙，导墙是建造地下连续墙必不可少的临时构造物，在施工期间，导墙经常承受钢筋笼、浇筑混凝土用的导管、钻机等静、动荷载的作用。作为地下连续墙支护类型中的附属构件，导墙主要起到引导作用，给成槽机成槽提供导向，为钢筋笼安放、混凝土导管安置提供参考。

（1）图纸分析

地下连续墙的图纸主要由平面布置图、地下连续墙详图等组成。平面布置图主要提供地下连续墙所在位置及平面尺寸信息，一般会绘制整体平面效果，并标注地下连续墙的编号，如图 10.2.55 所示。

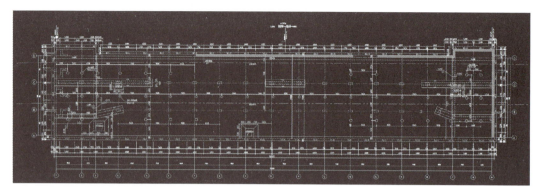

图 10.2.55　地下连续墙平面布置图

按照地下连续墙编号找到对应详图，即可按照详图提供的信息建模及算量。详图中会给出该地下连续墙的标高及配筋信息等，如图 10.2.56 所示。

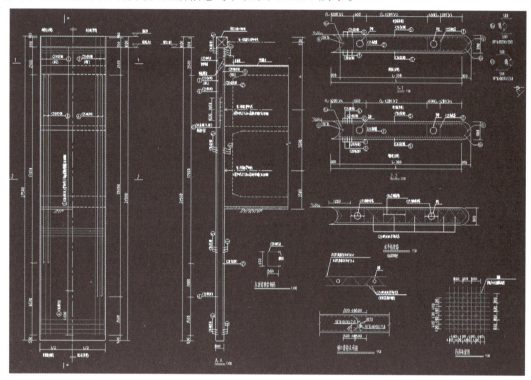

图 10.2.56　地下连续墙详图

（2）计算规则

计算地下连续墙的工程量，需要计算的工程量包括成槽体积、地下连续墙体积、超灌体积、竖向钢筋、水平钢筋、桁架筋、剪刀筋、加强筋、拉筋及导墙的体积、钢筋等。其中，土建工程量需要按照详图中提供的标高及尺寸信息结合平面布置图中的布置位置计算；计算钢筋时，需要根据详图中的钢筋参数结合平面布置图中的绘制长度计算钢筋根数及长度，乘以钢筋相对密度得出钢筋总重量。

（3）算量难点

在计算地下连续墙工程量时，难点主要有以下几点：

1）异形槽段计算耗时：L 形、Z 形、T 形，槽段长度不统一，角度不一致，每个槽段都要分别计算，非常耗时。

2）复杂钢筋多样，手算难度大且效率低：钢筋种类多且非常规钢筋多，横向桁架筋、竖向桁架筋、X 剪刀撑、封口筋等非常规钢筋计算过程复杂。

3）导墙工程量计算复杂：计算导墙工程量时，转角位置无法做到精细算量，有加腋时，面积计算复杂。钢筋工程量采用长度 / 间距粗算个数后再计算重量，对量时没有统一标准，且不够清晰直观，容易产生争议。

2. 软件处理

在土建计量 GTJ 中，切换至基坑支护 / 地下连续墙模块，按照地下连续墙详图中的连续墙类型新建并输入属性信息，将平面图导入后按照图纸识别或手动绘制，快速完成模型建立，软件内置计算规则，工程量计算准确。

（1）新建

1）新建地下连续墙

在基坑支护 / 地下连续墙模块中，通过参数化图快速新建不同截面形状的构件，满足不同截面的地下连续墙建模。

①截面形状：提供四种截面形状，包含一字形、L 形、T 形、Z 形，同时 L 形、T 形支持新建非 90° 的地下连续墙。在参数图中输入地下连续墙的墙厚、幅宽、端部预留长度、配筋信息（封口筋、封口纵筋、转角加强筋、导管竖向加强筋、导管横向加强筋、竖向桁架筋榀数）、注浆管、声测管、导管信息，如图 10.2.57 所示。参数可手动输入，也可在 CAD 图中拾取。

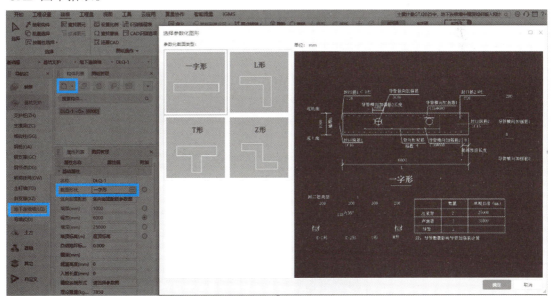

图 10.2.57　新建地下连续墙

②竖向剖面钢筋：按照 CAD 图纸中的信息输入墙深及配筋信息，其中配筋信息可从 CAD 图纸中快速拾取，也可自己输入，软件参数输入界面如图 10.2.58 所示。

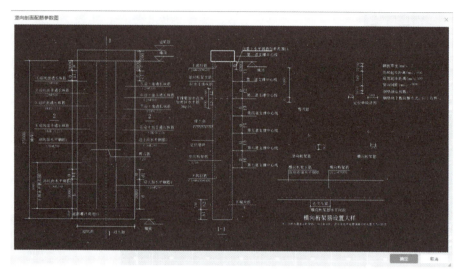

图 10.2.58 地下连续墙竖向剖面配筋参数图

③墙厚、幅宽、墙深：墙厚及幅宽在"截面形状"中输入，墙深在"竖向剖面配筋参数图"中输入，此处仅做展示，如需修改，需在对应参数图中修改。

④墙顶标高：根据地下连续墙详图中的标注按实输入。

⑤槽深：无法直接输入，软件自动计算。槽深 = 自然地坪标高 − 墙顶标高 + 墙深。

⑥超灌高度、入岩长度：按照图纸中标注参数输入，用于计算超灌体积及入岩体积。

⑦槽段连接形式：可选择"工字钢""十字钢板"两种形式并在参数图中输入相关参数，如图 10.2.59 所示。

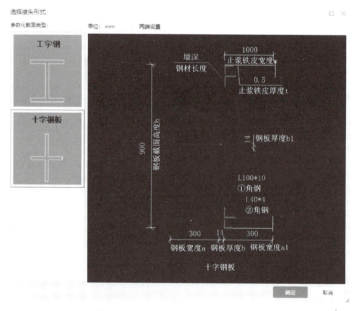

图 10.2.59 地下连续墙槽段连接形式

2）新建导墙

在基坑支护 / 导墙模块中，通过参数化图快速新建导墙，实现导墙参数的快速录入。

操作流程为：

①切换至基坑支护 / 导墙模块，点击"新建参数化导墙"，软件提供了"倒 L 形参数图"，可按照图纸中的参数进行输入，输入完成后点击"确定"按钮，如图 10.2.60 所示。

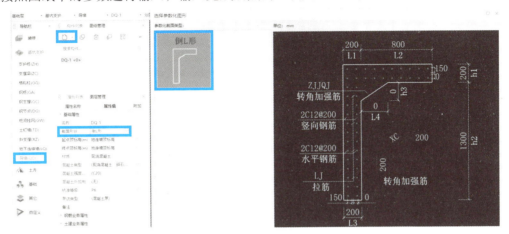

图 10.2.60　新建参数化导墙

②完善导墙的属性信息，如标高信息等，即完成导墙新建。

（2）建模

针对地下连续墙，土建计量 GTJ 提供识别地连墙、点绘两种布置方式，可快速生成地下连续墙图元，通过"指定迎坑面"功能确定迎坑面方向。

1）建模方式一：识别地连墙

本功能适用于 CAD 图纸中地下连续墙边线及分幅线清晰可识别的情况。使用此功能时，相同配筋的地下连续墙只需要新建一个即可。但由于带转角形式的地下连续墙（L 形、T 形、Z 形）中有转角加强筋，新建时可单独新建一个此类型的地连墙。识别流程如下：

①切换至地下连续墙平面布置图，点击工具栏"识别地连墙"，按照左上角的功能提示，依次提取地下连续墙边线、分幅线、名称，如图 10.2.61 所示。

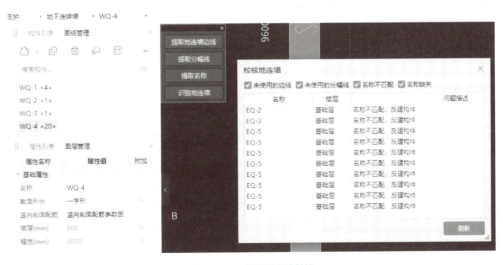

图 10.2.61　识别地下连续墙

②点击"识别地连墙"进行自动识别，软件会按照平面布置图中名称自动反建构件，如图 10.2.62 所示。

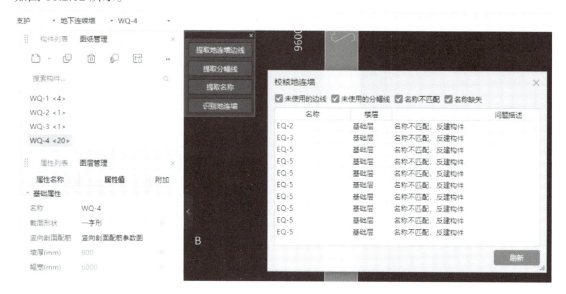

图 10.2.62　识别地下连续墙结果

2）建模方式二：点绘地连墙

本功能适用于没有 CAD 图纸或图纸中的图例无法准确识别的情况，也可用于处理地下连续墙的修改补画等，操作流程为：在构件列表中选择要布置的地下连续墙，点击"点"绘制功能，在模型中按照平面图位置绘制即可。需要注意的是，使用此功能时，不同幅宽的地下连续墙需要新建不同的构件进行单独绘制。

3）指定迎坑面

由于地下连续墙迎坑面与迎土面钢筋信息不同，因此在建模完成后需指定迎坑面，钢筋才能按照对应迎坑面和迎土面准确计算。地下连续墙识别或绘制完成后，可以通过"指定迎坑面"功能一键设置，操作流程如下：

①点击工具栏"指定迎坑面"功能，框选所有地下连续墙，单击鼠标右键确定。

②移动鼠标时，软件中地下连续墙边线出现绿色线条。将鼠标移动到迎坑面所处的方向，出现绿色边线，如图 10.2.63 所示。

③单击鼠标左键确定，迎坑面设置完成。

4）导墙建模

针对导墙，土建计量 GTJ 提供"按地连墙布置""直线绘制"两种布置方式，可快速生成导墙图元。

①建模方式一：按地连墙布置

本功能适用于地下连续墙已经绘制完成的情况，操作流程如下：

A 在构件列表中选择要布置的导墙，点击工具栏"按地连墙布置"，在绘图区域上方输入导墙净距（即地下连续墙两侧导墙之间的距离，默认为"地连墙厚度 +50"，可按需修改），如图 10.2.64 所示。

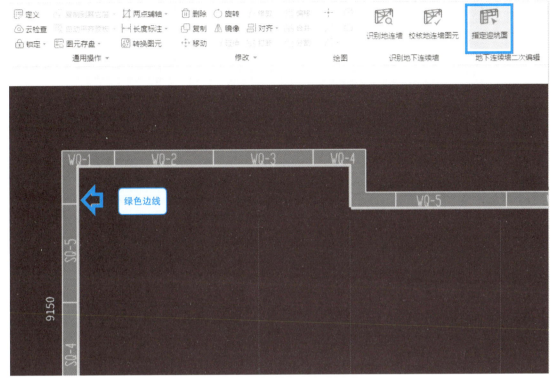

图 10.2.63　指定迎坑面

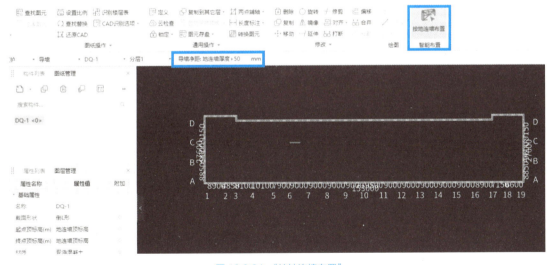

图 10.2.64　"按地连墙布置"

　　B 拉框选择需要布置导墙的地下连续墙，单击鼠标右键确定，即可生成导墙，如图 10.2.65 所示。

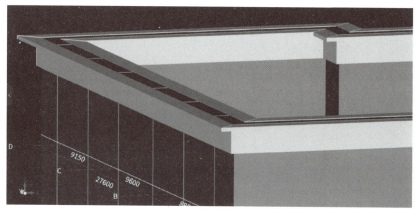

图 10.2.65 "按地连墙布置"导墙结果

②建模方式二：直线绘制

本功能适用于地下连续墙还未建模完成或修改补画的情况，操作流程为：在构件列表中选择要布置的导墙，点击"直线"绘制功能，在模型中按照导墙位置绘制即可。

（3）提量

模型建立完成后，点击汇总计算，即可查看图元工程量。

1）地下连续墙工程量

①地下连续墙土建工程量

地下连续墙的土建工程量包含数量、墙深、截面面积、成槽体积、地下连续墙体积、超灌体积、入岩体积、槽段接头型钢重量、止浆铁皮面积、止浆铁皮重量、声测管总长度、注浆管总长度、定位垫块数量和定位垫块重量。其中：

数量：按实际墙数量计算，默认无扣减；

墙深：按实际墙深计算，默认无扣减；

截面面积：按实际墙深计算，按实扣减；

成槽体积：按截面面积 × 槽深计算，其中槽深 = 自然地坪标高 − 墙顶标高 + 墙深；

地下连续墙体积：按充盈系数 × 截面面积 × 槽深或者充盈系数 × 截面面积 × 墙深计算，与计算设置相关；

超灌体积：按截面面积 × 超灌高度计算，其中超灌高度需在属性中输入；

入岩体积：按截面面积 × 入岩长度计算，其中入岩长度需在属性中输入；

槽段接头型钢重量：按接头数量 × （十字钢板截面面积 + ①角钢截面面积 + ②角钢截面面积 × 钢材长度 × 理论重量，且需在属性中选择槽段连接形式，并输入尺寸；

止浆铁皮面积：按接头数量 × 止浆铁皮宽度 × 钢材长度计算；

止浆铁皮重量：按止浆铁皮面积 × 止浆铁皮厚度 × 理论重量计算；

声测管总长度：按声测管根数 × 声测管单根长度计算；

注浆管总长度：按注浆管根数 × 注浆管单根长度计算；

定位垫块数量：按列数 × 单排数量（墙深 / 竖向间距）计算；

定位垫块重量：按数量 × 单个体积 × 理论重量计算。

计算结果如图 10.2.66 所示。如需查看计算式及扣减明细，可点击"查看计算式"查看。

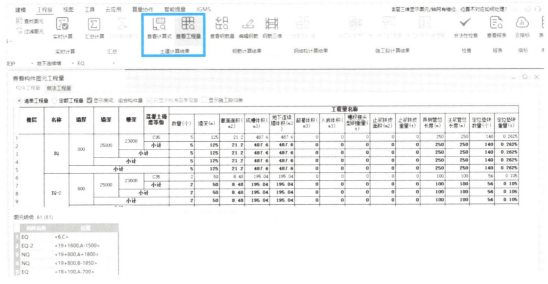

图 10.2.66　地下连续墙土建工程量

②地下连续墙钢筋工程量

地下连续墙的钢筋工程量包含竖向通长筋、竖向非通常筋、水平钢筋、加密区水平钢筋、横向桁架筋、横向桁架主筋、竖向桁架筋、竖向桁架主筋、剪刀筋、封口筋、封口纵筋、转角加强筋、拉筋、导管竖向加强筋、导管横向加强筋、吊筋、植筋。软件均可按照钢筋参数图中的信息准确计算。

如需查看钢筋总量，可点击"查看钢筋量"查看。如需查看钢筋计算明细，可点击"编辑钢筋"配合"钢筋三维"功能进行查看，如图 10.2.67 所示。

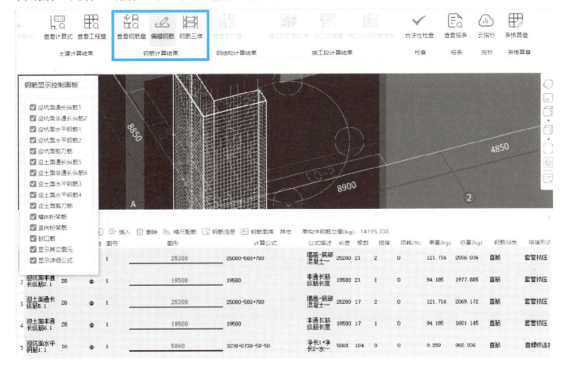

图 10.2.67　地下连续墙钢筋工程量

2）导墙工程量

①导墙土建工程量

导墙的土建工程量包含长度、截面面积、体积、竖直段侧面面积、竖直段底面面积、水平段侧面面积、水平段底面面积、转角斜面面积、端头面积。转角拉通实时计算，加腋位置按实出量。其中：

长度：按中心线长度计算；

截面面积：按实际截面面积计算，无扣减；

体积：按实际墙深计算，按实扣减；

竖直段侧面面积：按实际竖直段侧面面积计算，按实扣减；

竖直段底面面积：按实际竖直段底面面积计算，按实扣减；

水平段侧面面积：按实际水平段侧面面积计算，按实扣减；

水平段底面面积：按实际水平段底面面积计算，按实扣减；

转角斜面面积：按实际转角斜面面积计算，按实扣减；

端头面积：按实际端头面积计算，按实扣减。

计算结果如图10.2.68所示。如需查看计算式及扣减明细，可点击"查看计算式"查看。

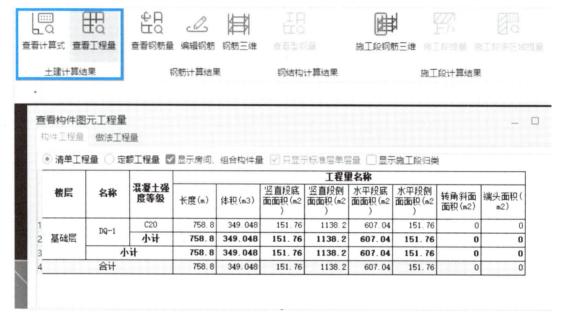

图 10.2.68   导墙土建工程量

②导墙钢筋工程量

导墙的钢筋工程量包含竖向钢筋、水平钢筋、转角加强筋和拉筋，且支持钢筋三维，对量核量更方便。

如需查看钢筋总量，可点击"查看钢筋量"查看。如需查看钢筋计算明细，可点击"编辑钢筋"配合"钢筋三维"功能进行查看，如图10.2.69所示。

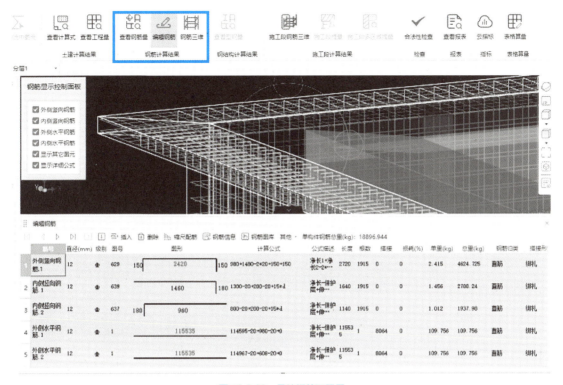

图 10.2.69　导墙钢筋工程量